"十二五"普通高等教育本科国家级规:

纺织服装高等教育"十四五"部委级规划教材

上 海 市 一 流 学 科 建 设 项 目

东华大学服装设计专业核心系列教材

品牌服装设计

第 6 版

刘晓刚　主编

顾　雯　唐競喆　厉　莉　著

东华大学出版社

·上海·

东华大学一流教材重点培育项目

图书在版编目（CIP）数据

品牌服装设计 / 刘晓刚主编；顾雯，唐竞喆，厉莉著. —6 版. —上海：东华大学出版社，2024.1

ISBN 978 - 7 - 5669 - 2302 - 8

Ⅰ. ①品⋯ Ⅱ. ①刘⋯ ②顾⋯ ③唐⋯ ④厉⋯ Ⅲ. ①服装设计 Ⅳ. ①TS941.2

中国国家版本馆 CIP 数据核字 (2023) 第 242121 号

责任编辑　徐 建 红
书籍设计　东华时尚

品牌服装设计(第 6 版)
PINPAI FUZHUANG SHEJI

刘晓刚　主编
顾　雯　唐竞喆　厉　莉　著

出　　　　版：东华大学出版社（地址：上海市延安西路 1882 号　邮政编码：200051）
本 社 网 址：dhupress. dhu. edu. cn
天猫旗舰店：dhdx. tmall. com
营 销 中 心：021-62193056　62373056　62379558
印　　　　刷：上海盛通时代印刷有限公司
开　　　　本：787 mm×1092 mm　1/16
印　　　　张：16
字　　　　数：460 千字
版　　　　次：2024 年 1 月第 6 版
印　　　　次：2024 年 1 月第 1 次印刷
书　　　　号：ISBN 978 - 7 - 5669 - 2302 - 8
定　　　　价：87.00 元

前　言

20 世纪 90 年代末，为了对接和服务当时正在我国呈星火燎原之势的服装品牌建设，一门国内首创的服装设计专业课程"品牌服装设计"在东华大学服装设计专业诞生。在东华大学出版社的大力支持下，基于我的课程教案写成的教材《品牌服装设计》于 2001 年正式出版。经过东华大学服装设计专业教学团队的共同努力，本课程积累了一定的教学实践经验，逐渐成为本校服装设计专业主干课程，并于 2010 年前后获得了"国家级精品课程"称号，团队也获得了"国家级教学团队"的荣誉。继第一版后，本教材又再版了 4 次，每一版都重印多次，被列入"十二五"普通高等教育本科国家级规划教材，并多次获得省部级优秀教材奖。此次即将出版的是第 6 版。据统计，历年来全国已有百所以上高等院校的相关专业使用了本教材，面对全国同行们的认可和鼓励，我们深感欣慰。

近三十年来，风云变幻，斗转星移，改旗易帜，全球服装行业发生了百年未有之巨大变化；格局颠覆，财富聚散，前仆后继，中国服装行业见证了国内改革开放的壮阔历程。互联网、高新材料、人工智能、绿色环保、自动生产、跨界合作、贸易壁垒、生活方式、消费心态、收入增长等种种因素成为服装行业不断变革的有力推手。与制造、物流、营销、渠道、服务等生产力要素发生的变化相比，服装行业在新产品开发环节的变化较小，无论是线上品牌还是线下品牌，成衣品牌还是定制品牌，实体店铺还是虚拟店铺，尽管在新产品的开发时间、开发工具、产品品类等方面有较大进步，但其新产品开发的核心思路和主要方法发生的变化似乎要小得多，这或许是因为新的服装作为实实在在的实物产品，并没有也不可能脱离实物产品的属性，还是要踏踏实实地做出来的，这种属性成为新产品开发方法"万变不离其宗"的主要原因。

尽管如此，随着时间的洗礼、经验的积累和环境的变更，人们自然会对既有事物在一定程度上或某些特定内容上产生新的认识，教材的改版也是深化专业建设内涵的常态化工作之一。本次教材改版的原则定义为"紧跟时代，更新信息；去除枝节，突出主干；削减总量，适度瘦身"，结合当前本科教学的普遍规律和常态现象，及时反映当前服装产业特点，在坚持课程原先教学目标定位的基础上，进行较大幅度的务实性改版，突出"时代性、普适性、实用性、可读性、经典性、可操作性"特色，努力成为本专业经典课程教材。为此，我们做了如下主要工作：（1）结合了反映当前服装产业发展特征的相关内容，增强了时代性。（2）去除了第 5 版中的两个整章，新增了应对实操环节各种问题的一章，内容更为通俗易懂，增强了普适性。（3）适当弱化了理论知识，突出了认知部分和实践部分的内容，强调了实用性。（4）更换了几乎全部插图，插图总数增加了 30% 以上，提高了可读性。（5）力求"精简、精炼、精确"，逐字逐句斟酌文字，本版教材缩减了上一版本文字达 20% 以上，显示了经典性。（6）提供了详细的东华大学本课程的配套课程作业，包括作业的题目、要求、过程、评分标准等，加强了可操作性（参见附录一、附录二）。

最后，借着本教材再版之际，我再次由衷地感谢为本课程和本教材的建设及出版付出辛勤汗水的所有人员，同时也欢迎广大读者提出宝贵意见。

目　录

第一章
品牌服装设计概论

　　服装设计既是一项技术特征十分鲜明的产品开发工作，又是一项文化含量尤为突出的创新活动，因此服装设计被称为是一种"技术与艺术结合的工作"。 在服装企业内，这项工作对于以品牌名义开展经营的企业目标的达成，具有举足轻重的地位。 在课程正式展开之前，本章首先概述一下品牌服装设计的基本情况，澄清一些基本概念，使读者了解它的关联对象和学习的主要内容，便于后续课程的顺利进行。

第一节　品牌服装设计的概念界定

一、品牌服装设计的定义

(一) 品牌服装

　　品牌服装是指以品牌建设理念为指导思想,按照品牌运作规范和市场期待而开发出来的服装产品。与品牌服装相对的概念是非品牌服装,它是指品牌服装之外的所有服装,比如个人制作的服装、文物类服装、演出类服装等。

　　广义上,凡是符合工商法律规定的、在市场上流通的服装,都是品牌服装。但是,人们习惯于把知名品牌看作是"品牌",不认为不知名的品牌也是品牌。为了聚焦研究对象,本课程所指的品牌服装是具有一定市场认知度的、形象较为完整的、符合工商法律法规的、形成一定商业信誉的服装产品系统,其最明显的共同特征是拥有相对著名的商标。因此,本课程将"品牌"的概念倾向于公众普遍认可的"品牌",即某类商品领域的知名商标。

　　与"品牌服装"容易混淆的一个概念是"服装品牌"。服装品牌是指关于服装行业的品牌,是将品牌的文化、象征和联想等一切形式和功能与服装行业或服装产品相联系的事物(图 1-1)。服装品牌的研究范畴更多地关注于品牌这一符号本身,是区别于其他行业及产品的品牌属性划分。

　　两者不仅在词序上有前后区别,内涵也有很大不同。品牌服装是以"品牌"作为服装的定语,服装品牌是以"服装"作为品牌的定语,两者分别以产品实物或虚拟符号为主要研究对象,在研究方法、表现形式、核心内容以及研究成果等方面有各自要求,分属于不同的学科领域和专业范畴。即品牌服装是"有品牌的服装",品牌服装设计特指服装行业的"品牌化产品开发";服装品牌则是"服装类品牌",服装品牌设计特指"服装类品牌的 VI 设计"。在学习和实践的过程中,必须澄清两者的概念及内涵。

图 1-1　意大利品牌 Giorgio Armani 兼具奢华与知性的特征,它是一个著名的国际化品牌,旗下拥有以这个品牌命名的女装、男装等多条产品线

(二) 品牌服装设计

　　品牌服装设计是指以品牌的经营理念、目标定位和运作规范为准则,以设计出符合品牌诉求的产品为目的而进行的服装产品开发活动。从本质上看,品牌服装设计是企业进行品牌建设的一系列相关活动中的一个活动,这一活动的核心任务是在企业经营方针的指导下,尊重服装品牌运作的客观规律,将品牌文化和发展愿景转化为符合多方利益诉求的产品。

　　与非品牌服装设计相比,品牌服装设计的最显著特征是必须时时刻刻以品牌建设为主线,以构成品牌服装的三大要素为抓手,尊重品牌服装产品开发的行为特点和科学流程,发挥整个品牌运作系统的协同作用,在考查设计结果的同时,重视设计行为本身的规范化。造成这一特征的主要原因是,品牌服装设计活动本身是品牌文化的组成部分之一。

　　品牌服装的范围非常广泛,只要是符合品牌服装定义的服装产品都可以称为品牌服装。比如,从生产方式上看,服装可分为成衣服装和定制服装,两者在各自领域里都拥有一些著名品牌,但它们的产品设计活动在很多环节上却有着较大区别(图 1-2)。本课程的研究范围主要针对在服装市场上流通的成衣服装品牌及其设计活动,定制服装品牌及其设计活动不在其列,而提及非品牌服装设计活动只是为了加深读者对品牌服装设计活动的理解。

图 1-2　高定品牌以及为某些场合和客户设计的定制产品往往和成衣服装的设计环节有着较大区别,例如其设计表现多为效果图的形式而不是更精准的平面款式图。以上图稿为 Givenchy、Elie Saab、Giorgio Armani 品牌的设计手稿

二、品牌服装设计的三大要素

(一) 设计风格

　　设计风格是服装品牌赖以生存的灵魂。品牌化产品以设计风格为主线而展开,设计风格成为服装品牌之间进行差异化竞争的法宝。当两个品牌的设计风格过于接近时,消费者会产生认知困难;当一个品牌的产品设计风格前后变化过于悬殊时,消费者会产生认同焦虑。由此可见,设计风格在品牌中具有极其重要的作用(图 1-3)。

　　虽然风格可以顺应时代的变化而有所改变,但是,短期内品牌风格出现急剧的左右摇摆式变化将使消费者无所适从,后者的品牌忠诚度也会因认知焦虑而面临降级的危险。在实践中,设计师一般也不愿意随便地改变设计风格,改变设计风格的行为大多数是为了迎合消费口味的变化。

(二) 系列产品

　　系列产品是品牌服装主要的产品形式。品牌服装设计是以系列开发的形式进行的,系列化产品设计的重要特征是整体性、条理性、搭配性和计划性。整体性是指上架产品形象的完整度;条理性是指产品推出顺序的从容感;搭配性是指系列内外产品之间的互换关系;计划性是指系

图1-3 国际针织服装品牌 Missoni 通过著名的锯齿型图案实现其典型的设计风格

列产品在季度上的延续关系。

　　产品的系列化有助于设计风格以"共振效应"呈现出来。尽管每一件服装都可以带有某种设计风格,但是,系列化服装以其款式数量上的优势而强化了设计风格,这是以单件产品设计为主的非品牌服装所不具备的(图1-4)。丰富的产品系列设计需要严密的计划作保证,一般情况下,强调原创的产品系列需要提前上市日期6个月开始策划。

图1-4 品牌服装的重要特征之一是系列化,丰富的系列产品有助于展现品牌风格

(三) 设计元素

　　设计元素是系列产品设计的基本构件。在设计风格确定的前提下,正确选择和合理搭配设计元素可以控制风格的呈现度,系列产品在设计上的本质是设计元素的系列化运用。理论上的设计风格是宏观而抽象的,必须依靠与之匹配的设计元素落实到具体的产品中,才能被消费者

认知。

品牌服装的整体设计风格依靠一个个产品系列来体现,每个系列中的具体产品由一个个设计元素组合构成,这些组成服装产品的基本单位同样需要在设计风格的引领下,按照系列产品的要求进行处理。因此,设计元素是每个品牌必须十分重视的品牌服装设计要素之一(图1-5)。

| 廓 型 | 色 彩 | 图案与面料 | 结 构 | 工艺细节 |

图1-5 组成品牌服装风格的各种设计元素

(四) 品牌服装设计三大要素的相互关系

要素是指构成事物不可或缺的因素,是一个事物的基本单元。同一要素在不同事物中的性质、地位和作用有所不同。品牌服装自身是一个系统,其三大构成要素具有自明性、多样性、集合性等特征。

设计风格、系列产品、设计元素是品牌服装设计缺一不可的三大构成要素,三者相互依赖、多边支持、自生循环,共同为品牌服装设计服务。其中,设计风格引领系列产品,决定设计元素;系列产品支持设计风格,选择设计元素;设计元素组成系列产品,呈现设计风格(图1-6)。

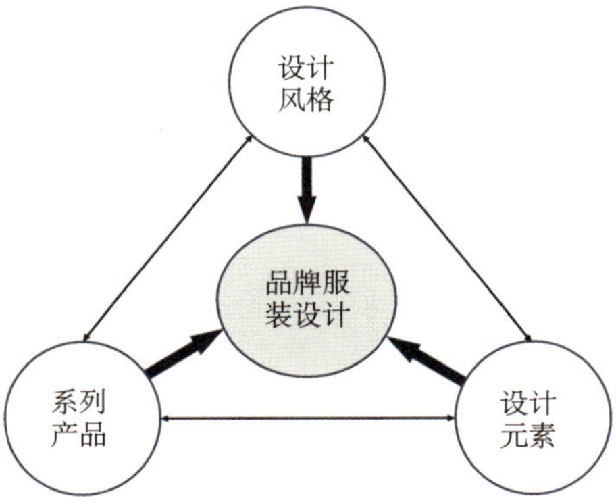

图1-6 三大品牌服装设计构成要素的相互关系

三、品牌服装设计的三大特征

(一) 完整性

品牌服装设计的完整性在于保证设计思考范围及设计方案呈现的完备和整齐。既然设计风格是服装品牌赖以生存的灵魂,那么,原有设计风格是否需要延续、变更或创新? 其中的比例、类型和程度怎样? 这些问题都关系到品牌的风格走向。无论延续、变更还是创新,都要求设计部门做出完整的思考,才能使设计行为纳入品牌运作的正常轨道(图1-7)。

设计方案的完整性是指要求整个设计方案包括产品计划、产品框架、故事版、产品设计等全部内容,仅产品设计就包括诸如产品的编号、款式、细节、配色、面料、辅料、装饰、规格、工艺等内容。只有这些内容达到完整无缺的程度,才能保证产品开发的顺利进行。

(二) 规范性

品牌服装设计的规范性在于建立统一可行的设计团队工作规则。品牌服装运作强调各个团队之间按照一定的规范运作展开集体合作,作为设计部门主要工作成果的设计方案,其实施

图 1-7　品牌更替设计师是非常常见的现象，但每个品牌必须考虑在创新并开拓新客群的情况下如何传承品牌特色的问题。上图为 Burberry 品牌的新任设计师 Riccardo Tisci 为其设计的 2019 春夏系列。该设计师在 Givenchy 担任了十多年创意总监，设计风格以暗黑、性感和颠覆闻名，但其为 Burberry 设计的系列却遵循了该品牌的传统设计风格

需要市场部、营销部、生产部等其他部门参与，设计方案将在这些部门内周转，这就要求设计方案在语言和图形方面使用规范的表达方法，不可随心所欲地任意改变。为了便于提高设计部门内部的沟通效率，更应该建立统一可行的表达规范。

相同内容使用不同方式表达，将造成其他部门理解和执行的困难，严重时将产生不可预计的后果。因此，规范性成为品牌服装设计活动的主要特征之一。当然，所谓的规范性是相对而言的。目前，服装行业在设计的表达方式上并无统一标准，每个成熟的公司都有一套属于自己的表达方式。因此，只有依靠公司内部的规范意识，才能形成符合公司实际情况和行之有效的规范格式。

(三) 计划性

品牌服装设计的计划性在于严格执行以时间节点为纽带的工作计划。由于受到供货商和经销商等诸多合作伙伴的系统性制约，品牌服装设计需要很强的供应链做保障，体现出明显的计划性特征。品牌服装设计方案要集合不同部门的不同人员，经过不同阶段和采用不同方法才能落实，设计方案缺少计划性或者计划不严密将会影响整个品牌运作计划的实施。因此，品牌服装设计计划的周密性就显得至关重要。

设计的计划性主要体现在对于设计活动每个阶段的时间节点的安排与控制，只要严格按照"时间到点任务完成"的要求来操作，计划性就可以有所保障。此外，设计计划的制定要考虑到操作流程中可能出现的不可预计因素，留出适当的应急和调整时间，应对一旦试制或订货失败而可能造成的时间损失。

■ 案例

　　YH 公司为了加强产品开发水平，提升品牌形象，以项目委托的方式，聘请某著名设计机构为其品牌进行总体策划，主要内容包括市场调研、品牌定位、产品结构、产品设计、终端形象改造等子项目。

　　项目合同签订以后，双方即制定了严密的项目计划进程表。然而，YH 公司过于重视

该策划案前期的市场调研部分,按照自己的主观理解,再三推翻设计机构提交的市场调研报告,并要求不断补充样本数据。由于该项目从签约到完成的时间很紧迫,整个计划因前期的市场调研耗时太多而导致留给后期的品牌定位、产品设计、终端形象改造等子项目的时间所剩无几。眼看将影响到该季产品的设计与试制,在万不得已的情况下,YH公司不得不动用其公司的原班设计人员,自行设计产品进行时间补救。这与当时该公司委托设计的初衷相背离,既增加了设计成本,又造成样品推敲不足而仓促应市。

四、 品牌服装设计的八种表现

(一) 重视设计企划,严密工作步骤

创立服装品牌对服装企业来说是一项长期的连续性建设工作,需要相当长的时间才能实现。产品开发的企划工作具有连续性和长效性,季节与季节之间、产品与产品之间的关联性远非一般服装可比,企划工作的质量影响了品牌的成败。

由于品牌服装的市场计划比较严密,需要服装设计环节的工作步骤也很严密。为了保证设计品质和绩效,每个销售季节的设计工作之细节必须环环相扣,不能有所闪失。其中,设计管理是必不可少的必要手段。

(二) 弘扬品牌文化,倡导品牌价值

品牌与非品牌最主要的区别之一是前者十分强调品牌文化。品牌文化是一个企业在品牌建设过程中长年积累下来的文化积淀,代表了品牌的价值取向、利益归属和情感认知,是企业文化和品牌精神的总和,成为突出品牌形象和带动销售业绩的核心竞争力之一。

品牌文化是凝结在品牌中的企业精华。在品牌文化的引导下,适时推出与品牌文化倡导的品牌价值取向相一致的流行主题是产品设计工作的开端。品牌服装设计需要把品牌文化演绎成各种可感知的形式,有效地融入具体的产品中,在传递给消费者的同时,占领消费者的心智。

(三) 追求结果完美,操作环节复杂

品牌服装设计的目标是强调最终设计结果的完美,这一目标由出现在销售终端的产品来体现。实现这一目标的首要前提是做到整个设计过程每个操作环节的完美,这是最终设计结果完美的基本保证和先决条件。

为了做到这一点,在产品设计的程序上,品牌服装设计表现出相当的复杂性,分工精细,需要经过严格的程序。这也是由品牌服装设计的三大特征带来的必然结果,因为完整性意味着不可出现缺项,规范性意味着不能随心所欲,计划性意味着保持步调一致。

(四) 设计成本昂贵,保障设计品质

设计成本的昂贵在一定程度上保障了设计品质的提高。品牌服装为了追求设计结果的完美而增加的设计环节必然会带来相对高昂的设计投入,时间成本、人力成本、资源成本和试制成本必然较高。但是,若能达到产品销售预期的市场业绩可以基本消化这些设计成本。

许多企业对产品设计的投入不惜成本,以保证设计资源游刃有余,比如定期组织设计师到国外采风、高价购买流行资讯等,可以帮助设计师提高专业能力,更好地完成设计任务。

(五) 工作连轴运转,耗费时间较长

品牌服装产品必须持续上市的特征决定了设计工作延绵而耗时漫长。通常,一个销售季节

的产品设计刚结束,下一个销售季节的产品设计工作又马上开始了,因此,品牌服装设计工作几乎是在马不停蹄地连轴运转。

每一个设计方案从概念产生到货品上柜,将耗费设计部门大量的时间和精力。设计师的充沛体力是完成设计工作的基本条件,在人才资源不十分充裕的服装企业,经常性加班加点是设计工作的一大特点。

(六) 强调设计能力,充分利用资源

品牌的最高境界是"把产品当文化卖",设计师是实现这一目标的主要执行者之一,是否拥有整合品牌文化的底气尤为关键。这就要求设计师的综合能力和价值取向具有相当高的水准,一些企业在聘用设计师时很注重其学习经历和生活经历,这些经历在一定程度上折射出设计师的专业能力。

21世纪是"得资源者得天下"的世纪,丰富的资源有助于工作目标的有效达成。设计师的从业经验可以反映出其可能拥有的设计资源的数量和质量,这是懂得整合资源和善于利用资源的前提条件。

(七) 强调设计风格,运用设计元素

品牌的生命在于风格,"流行易逝,风格永存"是法国著名设计大师香奈儿的名言。风格既是品牌之间进行差异化竞争的利器,也是树立品牌形象的形式语言。只有把相对抽象的风格用具体的服装产品表现出来,才能让消费者感知。

产品是表现品牌风格的载体,设计元素是组成产品的关键。设计元素包括视觉的、触觉的、听觉的、嗅觉的、幻觉的成分,由生理感受和心理联想综合而成,是消费者之所以消费的理由。因此,熟练运用设计元素对品牌风格的把握至关重要。

(八) 注重配合环节,严格执行力度

成衣设计工作在样衣被确认且设计部门将整套设计文件交给生产部门以后,才能算全部完成。这个过程靠设计师一个人往往无法完成,需要助理设计师、材料采购员、样板师、样衣工、工艺员的配合。

多部门多工种的配合,需要对执行力度和时间节点有明确的要求。一旦步调不一致,轻则影响设计任务的完成,重则影响一个流行季的产品上柜计划,品牌可能因此而一蹶不振。

■ 案例

HL公司在开发产品的时候,考虑到品牌正在进入转型期,担心企业内部设计力量不足,于是,聘请了专业设计机构为其承担产品开发的任务,约定设计任务的完成形式到纸面为止,其他工作由公司内部人员配合完成。当受聘的设计机构按时完成了设计任务以后,配合人员的工作中出现了面料大样染色偏差、印花图案没有试样、专用辅料不能到位等情况,使样衣试制工作无法正常进行,严重影响了样品拍摄、市场推广和招商等后续工作,拖延了产品订货会的举办时间,导致了加盟商对品牌的可信任度产生怀疑,直接对产品订货量产生了不利后果。

五、 品牌服装设计的现状

(一) 社会亟需成熟的服装设计师

从20世纪90年代起,我国服装品牌建设至今已经历时30余年,呈现了一大批快速成长的服装品牌,这些服装品牌为丰富社会文化和美化人民生活做出了巨大贡献。我国新一代服装品

牌凭借内部体制、全新思维和社会资源等优势，尤其是借助互联网等新兴技术而如火如荼地发展壮大，新老品牌在市场业绩表现上的交替现象更加明显。在当今低碳绿色、人工智能、跨境电商、网红经济、资本加持等时代背景下，我国服装品牌的发展正在进入一个崭新的升级转型期，行业乃至社会需要一大批深谙品牌之道的资深服装设计师。

(二) 企业对待设计工作冷热不均

品牌服装企业离不开产品设计工作，良好的市场需求和宽松的经济氛围创造了服装界一个又一个神话，承担着产品开发的设计工作日趋成熟是这些品牌迅速走红的重要原因。尽管如此，服装企业对待设计工作的态度仍然存在着冷热不均的现象，企业一方面需要依靠设计师开发出一个个走红市场的热销爆款，另一方面又担心设计师因成熟而远走高飞。因此，部分企业对培养设计师缺乏热情，为设计师参加技能评比、设计大赛而捧场的情况为数不多。还有一些企业对于自主设计失去信心，为图省事，干脆直接抄袭现有款式。

(三) 服装设计人才结构发生巨变

设计师在服装行业是一个文化素质相对较高的群体，迅速发展的服装设计教育正在源源不断地向服装企业输送专业人才。经过 30 多年的发展，国内外服装院校培养的服装设计专业人才纷纷涌入国内服装企业，有些企业直接聘请国外设计师加盟企业的设计团队。这些举措促使企业在设计岗位上的人才学历结构和东西方文化交流方面发生了巨大变化。

(四) 独立设计师和机构快速增长

随着市场竞争的加剧，企业对设计品质的要求日益高企，在企业内部无法满足这一要求的情况下，一些企业开始将产品开发工作委托给专业设计机构完成，出现了所谓的"设计外包"现象。近年来，品牌发展的需要催生了独立于服装企业的服装设计工作室、服装设计公司和服装品牌咨询公司等专业设计咨询机构快速增长，甚至国际著名的品牌咨询机构也看好中国服装品牌市场，纷纷在中国服装设计市场设立分支机构。

■ **案例**

2005 年，我国南方某著名服装产业集聚城市举办了该省首届"服装设计机构设计比赛"。此前国内一般的服装设计大赛的参赛主体是作为"准设计师"的在校学生，设计机构的设计比赛是专业设计团队之间的水平较量，这样的比赛当时在国内尚属首次，为此，各参赛单位认真应对。从比赛现场情况来看，无论是参赛形式还是作品的完成情况，他们的专业能力确实比在校学生成熟得多，其参赛的目的是为了在众多设计机构中脱颖而出，赢得更多企业的青睐，从而承接更多设计合同。从此以后，国内有不少服装企业开始委托专业设计机构承担企业的全年产品开发任务，这些企业如今已经不再设立自己的设计部门。

第二节　品牌服装设计的关联对象

从宏观角度来看，品牌服装设计的关联对象可分为主体、客体与载体三个部分，它们分别承担着各自的角色和任务。

一、品牌服装设计的主体

(一) 企业的作用与任务

企业的作用是通过组织、策划、执行、管理、考核、监督等职能,把设计结果转化为品牌建设成果。企业的实质是营利性经营组织,是组成经济体系的细胞,以品牌为旗帜是企业为获取更多产品附加值而采用的经营手段之一。著名品牌是优质品牌从品牌群体中分化出来的结果,这个分化过程必须有企业主观意识的引导(图1-8)。

企业的任务是制定正确的企业发展战略,提供正确的品牌经营思路,对市场的前瞻认识,投入充足的品牌建设资金,寻求宽广的市场发展空间,搭建稳固的品牌建设平台,为设计师创造良好的工作条件,通过"快速反应"和"敏捷制造"等实施手段,贯彻品牌目标的最终实现。

图 1-8　中国高端羽绒品牌"天空人"上海店——THE PLAZA 冰冻广场的设计

■ 案例

Zara 品牌创始于 1985 年,该品牌提出为顾客提供"买得起的快时尚"为己任。为了达到快速高效运作的目的,该品牌采取了许多做法,比如:公司总部有一个由设计专家、市场分析专家和采购人员组成的 300 人"三位一体"商业团队在现场解决问题,每年设计新产品将近 40 000 款,从中选择 10 000 多款投放市场;自建大约 20 公里的地下传送带将商品从工厂运到总部的货物配送中心,总部还设有双车道的高速公路直通配送中心;采取光学读取工具,使产品挑选并分拣每小时超过 60 000 件的衣服;自己拥有和运营几乎所有的连锁店网络;投入大量资金建设自己的工厂和强大的物流系统……其战略的成功得益于公司出色的服装行业的全程供应链管理,以及支持供应链快速反应的 IT 系统应用,实现了快速设计、快速生产、快速出售、快速更新。正如该公司的一位高级经理说的那样:"对于我们来说,距离不是用千米来衡量的,而是用时间来衡量的。"

(二) 设计师的作用与任务

设计师的作用是负责实施产品设计,把品牌理念演绎成服装产品。品牌风格和设计结果以具体产品为媒介传递给消费者,设计能力的强弱直接影响品牌业绩的优劣,因此,设计师在实现品牌目标的过程中责任重大,必须依靠企业的综合实力,全身心地投入工作,才能最大程度地发挥工作效能(图1-9)。

图 1-9　法国服装设计大师 Christian Lacroix 的设计工作室

　　设计师的任务是理解品牌的既定风格,按照服装产品的特点,提出具体的设计思路,及时与企业各部门沟通,做好抽象的品牌理念和具象的服装产品之间的"翻译"工作。必须指出的是,设计师不是万能的,在品牌经营的模式下,某些企业将市场业绩的功过都归于设计师的做法是不准确的。

> ■ **案例**
>
> 　　在国内服装企业兴起聘请国外设计师的浪潮中,具有一定影响力的 TH 品牌也不甘落后,以数百万年薪聘请了一名法国资深女装设计师,希望利用法国人的名声和技术,使该品牌重整旗鼓。具体做法是,企业通过专业媒体向外界宣布了这一计划后,请这位设计师设计出一个系列的产品,在专柜形象和销售模式不变的情况下,将这个系列穿插在现有货架上销售。这一系列产品销售业绩平平,这位法国设计师 3 个月后就被解聘了。由于消费者并不在意专业媒体的报道,品牌的整体形象也没有很大的改观,在消费者对其品牌忠诚度远未达到企业预期的前提下,要消费者为这些产品买单是勉为其难的,因此这一失败结局也在情理之中。该企业所犯的错误是依旧采用产品经营模式,并没有转换为品牌经营理念。

二、 品牌服装设计的客体

(一) 市场的作用与任务

市场的作用是提供产需结合的交易平台,成为服装产业链的重要环节(图1-10)。只有市场产生需求,才会出现企业行为,市场需求规模的大小决定了企业行为力度的强弱。企业对市场的变化是否敏感,影响了企业对市场的反应速度。消费现象会随着社会动态产生消费习惯和消费方式的分化,这不是企业能够决定的。

图1-10　低端服装市场难觅著名品牌的身影,它是无名产品的主要周转渠道

市场的任务是提供优质的产业配套服务,发现服装热点,消化服装产品,引导消费行为,刺激需求规模,从而激励服装企业的生产积极性。狭义的市场由商场、网络等组织构成,不同规模和形式的市场,其担当的任务有所不同。

(二) 顾客的作用与任务

顾客的作用是购买和使用产品,在方便自己的同时,也为企业提供利润。从"供—产—销—用"关系链来看,顾客是产品的最后接受者。由于顾客消费产品的目的和接受产品的条件多种多样,因此,其来源、构成、能力、物质需求和精神需求,往往成为品牌服装设计首当其冲的研究对象,是品牌定位的重要部分。

顾客的任务是享受产品为生活带来的便利,发表对产品及其服务的意见。作为客体中的核心,品牌的忠实顾客往往会及时而真实地反馈使用产品之后的感受,对企业提供的配套服务提出批评(图1-11)。

三、 品牌服装设计的载体

(一) 产品的作用与任务

产品的作用是在设计师与顾客之间充当传递品牌风格的媒介,达到为顾客提供生活便利和为企业赢得经营利润的双重目的。产品是被企业制造出来并用于换取回报的载体,对于品牌服装来说,其产品满足顾客精神需求的作用大于非品牌服装。

图1-11　MANNER咖啡与Louis Vuitton(路易威登)联名推出的限时书店前大排长龙。花上几百元买书就可获赠印有LV LOGO的帆布袋,一定程度上满足了消费者拥有高奢品牌的参与感

　　产品的任务是承载和实现设计所赋予产品的一切物质与精神的集合。确切地说,"产品是没有生命的物质",制造产品和使用产品的各方将根据自己的需要外加给产品一定的任务,这种被外加的任务越多,产品的价值就越大(图1-12)。

图1-12　Anrealage品牌的光致变色技术产品

(二) 品牌的作用与任务

　　品牌的作用是通过明确的差异化标识,分清产品的从属关系,赋予产品由品牌联想而产生的精神内涵,借此提高产品附加值,使其获得高于同类产品社会平均利润的溢价利润(图1-13)。
　　品牌的任务是通过形成一系列规范合理的应用规则及其标识鲜明的表现形式,为凝聚团队意识,充当精神图腾和统帅设计行为而服务。由于品牌的本质只是一种符号,其作用比较虚拟,因此,品牌服装设计要把设计的重点放在增加品牌的精神作用上。

图 1-13　知名潮牌 Supreme 除了出售服饰产品外，还热衷于各种联名设计。印有其品牌 LOGO 的普通材质板砖售价高达 150 美金仍供不应求。之所以会受到消费者的热捧，在于品牌坚持"酷"的特质得到了消费者的认同

四、三者之间的相互关系

(一) 主体与客体的关系

主体诉求引导客体消费。主体与客体的信息不对称导致了主体拥有较大的话语权，企业和设计师对品牌的理解促使其乐于扮演引导消费的角色，因此，人们经常可以从企业在多种场合发表的言辞中看见"创造流行、引导潮流"等字眼，在对自身实力、经营理念和发展规划等通盘考虑以后，企业将做出相应的品牌发展战略决策，带动所有部门和成员，调集一切可以利用的资源，为实现预定目标而付诸具体的行动。

客体需求影响主体行为。在市场经济体制下，客体需求是影响主体行为的关键，没有了需求作为指南，设计行为就没有了方向，因此，市场和顾客是企业必须摆在第一位的要素。在实践中，客体需求往往并不吻合主体诉求，两者会发生或多或少的偏移。顾客并不理会品牌的设计风格特征，或者设计师不能透彻了解顾客的需求变化，都将导致产品投放市场后出现无人问津的风险。因此，在设计工作中，主体必须摆正品牌与顾客的关系，不能将自己的诉求强加于顾客。

(二) 主体与载体的关系

主体理念主导载体表现。企业的经济性质决定了企业的根本目的在于盈利最大化，设计师是帮助企业实现这一目标的成员之一，拥有良好的品牌形象和适销对路的产品是实现这一目标的重要手段。主体通过自己的理念来控制自己的行为，有什么样的企业经营理念就有什么样的经营模式；有什么样的经营模式就有什么样的经营行为；有什么样的经营行为就有什么样的经营结果；有什么样的经营结果又会催生什么样的经营理念。它们是相互牵连并形成循环的逻辑关系。

载体表现依赖主体能力。就设计工作而言，设计理念附属于品牌诉求，实现这种理念还需要主体能力的支持，其最终表现具有较多的物质性因素，如厂房设备、生产技术、加工材料等。对超出资源范围的设计理念而言，犹如"巧妇难为无米之炊"。因此，作为品牌服装设计关联对象中的载体，产品需要依靠企业和设计师等各项资源的良好表现，才能实现预期目标。

(三) 客体与载体的关系

客体决策决定载体走向。客体由市场和顾客组成,其中最具能动作用的是顾客,因为顾客需求决定了包括商场在内的多个方面的决策和行为。一般来说,在外围因素不变的情况下,顾客需求是相对稳定的,这种需求只有在社会环境、价值理念和生活方式等宏观前提突变时,或者顾客的生理状况、经济收入、社会地位等微观条件改变时,才会相应地影响购买决策。而且,来自社会的宏观前提的改变不如来自个人微观条件的改变对顾客决策的影响那么大,一些在经济危机中未受很大影响的顾客很少改变其原来的消费习惯就能证明这一点。在绝大多数情况下,顾客决策是十分顽固的,设计工作必须迎合市场需求,提供适应其生活理念的产品。因此,设计结果要迎合市场需求是不争的事实。

载体表现影响客体需求。尽管顾客的决策具有十分明显的主观因素和相对稳定的表现形式,但是,作为载体的产品表现也是影响顾客决策的重要客观因素;而且,有些缺乏主观经验的顾客做出的购买决策往往取决于产品的表现。比如,冲动型消费就是因为某一产品的出色表现而激发了本来不在客体计划之中的"消费需求"。因此,出色的产品表现留给了品牌一些额外机会,甚至可以创造流行。

第三节 品牌服装设计的主要内容

一、市场调研

(一) 工作要求

市场调研工作是大部分商业企业必须开展的基本工作之一。由于有待解决的问题不同,开展一项具体的市场调研工作的日期、手段、工具、范围、程度、取样等也是不同的。为了品牌服装设计而开展的市场调研工作的基本要求是,在条件允许的情况下,尽可能搞清被调研对象方方面面的表现情况及其原因,如产品结构、终端布局、顾客反馈等。因此,为了使每一次市场调研工作能够发挥切实有效的作用,应该制定有针对性的市场调研方案。

(二) 工作内容

调研工作主要包括卖场调研、企业调研、消费者调研、目标品牌调研、竞争品牌调研等类型。每个类型都有十分细致的内容,以实体市场为例,卖场调研包括卖场的地理位置、交通条件、营业面积、楼层分布、装修风格、顾客流量、行业信誉、进驻条件、常驻品牌、货品结构、日销售额、月销售额、年销售额、促销频度、销售分成、人员结构、租金情况等。通常用观测法、问卷法或访谈法获得所需要的数据(图1-14)。

根据调研双方的利害关系,可分为主动接受调研和被动接受调研两种。前者是一种双方利益一致的公开调研,一般是委托企业主动接受设计机构的调研,调研者根据对方提供的情况和观察得到的现状进行分析、讨论和判断,为解决问题提供依据;后者是一种双方互不干扰的暗中调研,通常由调研者进入调研现场暗中提取数据。

此项工作一般以"市场调研报告书"的形式完成。

图 1-14　某品牌针对职业服领域的客户进行的市场调研内容

二、品牌定位

(一) 工作要求

  品牌定位要求以企业的品牌文化为基础,结合目标市场的属性,制定出一个与品牌建设的过程和未来一段时间的结果有关的差异化决策。虽然一个品牌的综合定位可以有所变化,但是,它在一定时间里具有相对的稳定性,其艰难性并非体现在工作量的繁重或工作程序上的复杂,而是体现在确定品牌走向的责任上,即企业进行品牌运作的具体指南,因此,品牌定位是一项极其重要和艰难的工作(图 1-15)。

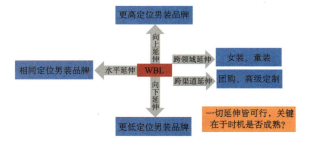

图 1-15　某男装品牌在进行新品牌定位前开展的有关定位的可能性和前期决策的讨论案

(二) 工作内容

  品牌定位工作主要包括品牌的设计风格定位、产品类别定位、产品价格定位、市场渠道定位、营销方法定位、品牌形象定位、传播方式定位等内容(图 1-16),其中的每一项工作又可以分为若干项更为细致的内容,比如,产品类别定位包括产品种类的系列数量、款式数量及其占比分配、产品面料的选择范围及其占比分配等。

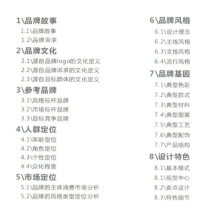

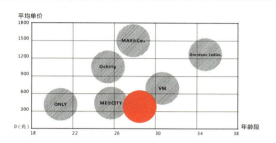

图 1-16　某女装品牌定位的目录与内容

由于品牌定位等于是一个品牌行动的纲领，其重要性在品牌运作中无可替代，因此，品牌定位的关键是定位的依据要真实、可靠，定位的结论要科学、合理。通常，品牌定位工作由企业管理者牵头，市场部、营销部或企划部负责，它是企业各相关部门通力协商的结果，设计师仅仅参与其中的部分工作。

此项工作一般以"品牌定位报告书"的形式完成。

三、流行预测

(一) 工作要求

流行预测要求预测结果与一个流行季结束之后的实际流行结果尽可能一致。由于任何预测都是对未来事实的假设，服装流行预测通常是对一年以后甚至更长时间的判断，因此，要真正完成精准度很高的流行预测十分困难。一般来说，流行预测通常由专业流行预测机构完成，这些机构做出的预测往往是对整个服装行业未来市场的判断，不是针对某个特定品牌，因此，其实有效性有限（图 1-17）。为了解决问题，企业可根据品牌定位自主完成有针对性的流行预测。

图 1-17　专业机构发布的部分趋势预测报告往往针对整个行业进行预判，而个性化的、定制化的趋势报告会更契合企业开发的需求。上图为某羊毛品牌中国区的趋势定制方案

(二) 工作内容

流行预测工作主要包括未来市场上的主题、风格、面料、辅料、色彩、款式、图案、搭配、细节、工艺等预测内容。虽然这些流行信息难以被精确地定量分析,但是,在从业经验的作用下,其流行度可以一定程度地被感知。同样,上述信息可以再进行细分,比如,面料信息可以包括面料的成分、色彩、肌理、重量、手感、制造商等信息(图1-18)。

一般来说,如果某服装产品的各个构成要素都使用了流行信息,其组合以后的产品往往也具有高流行度,反之亦然。流行信息及其程度的使用根据品牌定位而异,并非越多越好。因此,流行信息的搭配也可以缺项搭配,即有目的地选择某几种流行信息,其他部分采用常规化处理。

此项工作一般以"服装流行趋势报告"的形式完成。

编号:2-8
组织:提花
针型:12针
纱线:东莞市蓝美纺织有限公司
2/45NM美利奴羊毛混纺W049鲜黄+W088浅米+W104卡其绿
纱线:上海信诺展创纱业有限公司
XXN20069 80%COTTON 20%STEEL CST010
开发:无锡鲅缕文化创意有限公司

图1-18 某针织流行趋势中针对流行织片的介绍版面,通过扫码的方式能够获取该织片纱线、针型、组织结构等详细信息

四、产品企划

(一) 工作要求

产品企划要求在品牌定位的指导下,对照流行预测信息进行综合判断,做出对下一个流行季节整盘货品的规划。产品企划又叫商品策划,其工作要点是必须制定整盘货品的产品结构与配比,当一份表示产品结构的数据或表格被制定以后,货品的格局已基本成型,设计师对号入座地开展设计工作,在逐一填补完产品结构图以后,设计工作的第一步也就完成了。

(二) 工作内容

产品企划工作主要包括下一流行季的系列数量与名称、梭织服装与针织服装的比例、主打款式与配搭款式的比例、上下装的比例、内外衣的比例、色彩的种类与比例、面料的种类与比例等内容,必要时,还可以包括产品指导价格、上货波段等信息(图1-19)。

本项工作一般以"产品结构图表"的形式表现(参见附录三)。在分工明确的大型服装企业,此图表通常由商品企划部门制定,或者由服装设计师和商品企划师共同完成。

2017 年 春 夏 季 度 概 念

物态之美

自然物态的动与静相互转换所产生的艺术感以及顺应时节的自然美感。

春季万物萌动 / 以动为静　初夏霏雨霏霏 / 以静为动　仲夏光沛物盛 / 动静相宜

图 1-19　某女装品牌产品企划中有关季度概念的策划版面

五、产品设计

(一) 工作要求

产品设计要求设计师在熟悉市场调研结果的前提下,按照品牌定位报告书的精神,将流行预测结果有针对性地分解到每个系列中,在产品企划的规定范围内,逐一完成具体产品的设计工作。这部分工作只是品牌服装设计所需要完成的诸多工作中的一部分,这是品牌服装设计与一般服装设计的工作内容差别所在。

(二) 工作内容

产品设计工作主要内容包括对每个产品的款式、细节、色彩、面料、辅料和装饰等方面进行具体的设定,还可以包括具体的工艺要求、功能要求、搭配要求、包装要求、标志要求等内容。通过图形、文字和实物的形式,对上述内容做出明确规定。

为了兼顾产品批量生产的制造成本和工艺实现的可能性,必须对产品的结构和工艺慎重考虑,缺乏结构与工艺依据的"设计"只能成为仅仅停留在画稿上的图形。

本项工作一般以"设计图稿"的形式完成(图 1-20)。

六、产品实现

(一) 工作要求

产品实现要求把平面状态的设计图稿转变成为实物样衣(样品)。这项工作主要分为三种情况:第一种是根据设计图稿的款式特点和技术要求,通过平面裁剪的方法,用面料直接试制成样品;第二种是按照设计图稿的设计风格和总体感觉,通过立体裁剪的方法,用坯布观察效果,获取正确结构。两者的差异是,前者的款式设计相对比较简单、常见,后者的空间结构相对比较复杂、罕见;第三种是用服装 CAD 软件或 3D 设计软件完成服装结构设计,通过激光裁剪获得衣片,完成样衣制作(图 1-21)。

款号：B4-1

参考色彩 | COLOR　　平面款式图 | FLAT

参考面料 | FABRIC

商务系列二

针织领拼接夹克大贴袋
亮红色毛衫
图腾纹样西裤

图 1-20　某男装品牌的季度产品设计

图 1-21　某服饰品牌的制版环节

(二) 工作内容

　　产品实现工作主要包括分析设计图稿、理解设计意图、制作正确的样板、试制有效的坯样、完成标准的实样等内容。上述每项内容都有自己的规定，比如，在制作样板时，首先要进行原始纸样设计，通过尺寸校对或试制坯样，对照设计画稿的意图，将结果用于纸样的修改，必要时反复上述步骤，最终得到可用于大货生产（即批量生产）的精准的工业样板。

　　由于品牌服装十分注重每个运作环节的规范化，对于手工操作痕迹十分明显的产品实现环节来说,要做到整齐划一的规范性绝非易事,远比机械操作困难得多。因此,这是值得在品牌服装设计流程中引起足够重视的主要工作之一。

本项工作一般以实物样衣的形式完成(图1-22)。

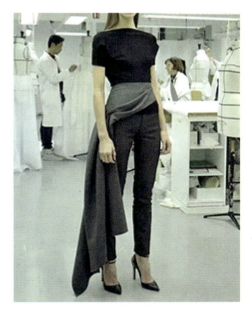

图1-22 模特在工作室试穿样衣

七、品牌形象

(一) 工作要求

品牌形象要求在任何需要展示对外形象的场合,根据展示的内容、载体、周期、场地、受众等方面的限定,选择正确的展示形式,将品牌形象有效地对外展示。在适当的场合,以适当的方式,用适当的内容,把品牌形象展示给适当的受众,将会获得出色的品牌形象。其中,所谓的"适当",就是它们的各项指标与品牌定位保持一致。

(二) 工作内容

品牌形象的工作内容主要包括品牌CIS企划、终端卖场设计、品牌网站设计、品牌广告策划、服务规范设计等。上述每个部分都有特定的细节,它们之间既有区别,又相互联系,共同作用于品牌经营之中。比如,品牌CIS企划就包括品牌的VI设计、MI设计和BI设计,三者分别对终端卖场设计、服务规范设计和品牌广告策划等环节产生关联作用。其中,VI设计的结果对终端卖场中的道具、标志、陈列等,以及服务规范中的员工制服、仪表仪容等均有指导意义(图1-23)。

一般来说,品牌形象不是服装设计师的工作内容,而是由服装陈列师、室内设计师、广告设计师等其他专业的专门人才完成。但是,在现实中,有些服装企业,特别是一些中小型服装企业,未必能配齐这些门类的设计师,这些工作往往由服装设计师全部或部分地承担。

本项工作因细分类别不同而采用各自的形式完成。

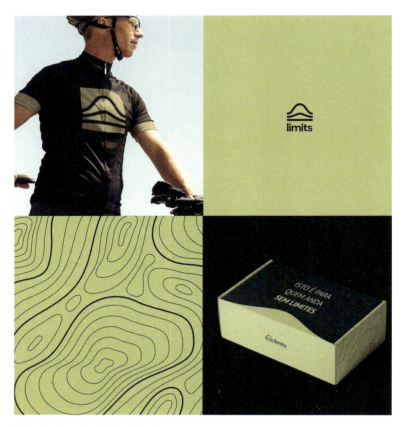

图 1-23　某骑行服饰品牌的 VI 设计

八、辅助设计

(一) 工作要求

　　辅助设计要求针对附着在服装产品上的一些必备标识进行设计。这些标识用来配合说明产品的各项指标，比如，本产品的面料和辅料成分、洗涤和护理方法、尺码和号型标准、质量和认证体系、设计或制造企业等。其中，品牌 LOGO 织唛是最主要的标识设计。为了突出品牌专用特征，一般不通过采购辅料市场现有标识的办法解决，而是配合品牌 LOGO 织唛，进行专门的配套设计，形成一套品牌独有的专用标识。

(二) 工作内容

　　辅助设计工作主要包括吊牌设计、包装设计、标识设计等与产品配套的设计内容。在分工清晰的大型服装企业，这类设计任务一般由平面设计师承担。中小型服装企业则因人手有限，这项工作往往交给服装设计师完成(图 1-24)。

　　另外，为了品牌服装设计活动的顺利开展，也有一些基于管理工作方面的设计，如工作流程设计、产品决策设计、管理制度设计等。一般来说，这些设计往往由人事部、企划部等其他部门按照设计工作的特点而规定。

　　本项工作因不同设计类别而采用各自的既定形式完成。

图 1-24　U品牌的吊牌、包装等辅助设计

第四节　服装设计师与服装品牌

一、设计师在品牌中的地位

(一) 产品设计的核心人物

　　品牌的精髓是产品,产品的最初面貌是由设计师根据产品企划的框架要求,提供的具体的产品样式。在绝大部分品牌服装企业,企划工作中的品牌走向、投资预算、市场营销等内容由其他部门完成,涉及形象思维的内容往往由设计部门完成,因此,设计师就是产品设计的核心人物。

　　虽然一个品牌要获得成功有多方面的因素,需要各个运作环节发挥团队精神,协同作战,但是,核心人物的作用在这个团队中不可低估,如果拿不出好的产品,一切计划都将落空。另外,产品设计的核心人物并不等于是品牌的灵魂人物。品牌的灵魂人物是品牌股份的最大持有者或经营决策的最大权力者,品牌经营业绩的好坏,主要责任在于品牌的灵魂人物。只有当设计师已经蜕变为品牌的持有者或经营者时,设计师才是品牌的灵魂人物。

(二) 拥有产品确认的一定权限

　　一个合格的设计师整天与产品开发打交道,应该有很好的市场悟性,其眼光之精确要超越常人,企业因此而授予其一定的产品确认权限。但是,考虑到年轻设计师往往不具备这样的专业水准,或者流动性很大的设计师队伍在一定程度上难以确保其对产品的认真负责态度,企业也因道听途说或亲身挫折而怀疑设计师的责任心,因此,产品的最终决策权往往由企业经营者或市场(营销)部所掌握。

　　无论设计师拥有何种程度的确认权限,产品设计的结果始终是设计师最为关注的,设计师的成就感来自获悉自己的设计结果被市场接受。这不仅与设计师的经济利益直接挂钩[1],而且

---

[1]　一些服装企业对设计师采用"基本月薪＋销售提成"的方式计酬,这种方式比"基本月薪＋利润提成"的透明度高,因而更受设计师欢迎。

与设计师的名誉紧密相连,其业绩好坏将在业界迅速传播,"圈子很小"的行业现状迫使设计师要对自己的名誉负责。因此,设计师应该摆正个人与企业、个性与流行、设计趣味与品牌风格的关系,尽量揣摩消费者心理,缩短产品与作品的距离。

(三) 工作能力与个人魅力

设计师是一种比较强调个人魅力的工作岗位。在品牌运作中,个人魅力与设计师的能力在工作中发挥的真正作用有关,也与企业的规模或品牌的性质有关。一般来说,在以制造商品牌名义走向市场的服装企业里,设计师的影响力往往被遏制,只有在以设计师品牌名义走向市场的服装企业里,设计师的作用才被强调。即便如此,设计师在任何性质的服装企业里都不应该刻意追求自己的位置,而是要拿出工作实绩,用事实去证明自己的作用,个人魅力才会实至名归。

设计师岗位是一种比较容易引发浮躁心态的岗位。社会上所谓的"名师工程"造成了部分设计师急功近利的心态,不切实际眼高手低的现象尤为严重,一些设计师得陇望蜀的做法常常让企业不堪忍受。事实上,因设计师的技术能力或处事方式而引起的工作失误,其损失将超过设计师薪酬的成百上千倍,并有可能使企业经营计划成为泡影。因此,设计师对自己的工作千万不能掉以轻心,应该把自己看成是整个品牌运转机器中的一个零件。

二、 服装设计师与品牌的关系

(一) 大牌与大师的组合

大牌与大师的组合是一种非常完美的组合。大牌一般有雄厚的资本实力和稳定的市场份额,有足以供设计师施展才华的舞台,大师则在设计能力和名声方面与大牌对设计工作的要求旗鼓相当,两者匹配,相得益彰(图1-25)。国际大牌与国际大师结合的例子比比皆是,比如被誉为国际时装界常青树的 Chanel(香奈儿)品牌与国际级设计大师卡尔·拉格斐(Karl Lagerfeld)就是一档黄金组合。

图1-25 卡尔·拉格斐曾经担任 Chanel 的艺术总监长达30多年,他通过自己的才华和创新,将 Chanel 品牌推向了一个新的高度

(二) 小牌与大师的组合

小牌与大师的组合是一种企业借力的组合。一些很有发展潜力的小牌可以聘请大师担当设计，虽然设计成本偏高，但是小牌可以借此学习大师的工作方法，凭借大师在业界的名气而撬动某些社会资源，有助于品牌素质较快提升。需要注意的是，这种组合的工作关系应该建立在双方平等共赢的基础上，以免因为大师将过多的个人意见凌驾于小牌之上而使得小牌难以正常开展工作。

(三) 大牌与新人的组合

大牌与新人的组合是一种比较有益的组合。产生这种组合的原因往往是大牌积重难返，缺少活力，希望依靠引进新人的办法，为品牌注入新的活力；新人可以借助大牌雄风犹存的架势，在设计的过程中得到锻炼。这种组合最成功的范例是意大利老资格品牌 Gucci(古驰)与美国年轻设计师汤姆·福德(Tom Ford)的组合。Gucci 在 20 世纪 90 年代初已显出疲态，为了开创新局面，打破当时的僵局，该品牌大胆启用美国新生代设计师汤姆·福德，后者为该品牌带来新鲜空气，使它起死回生。法国顶级品牌 Dior(迪奥)和 Givenchy(纪梵希)也分别聘用了当时的英国设计新秀约翰·加里亚诺(John Galiano)和亚历山大·麦昆(Alexander McQueen)担纲设计，使人们看到了老品牌的无限生机。

(四) 小牌与新人的组合

小牌与新人的组合是一种比较务实的组合。虽然小牌因为规模较小而整体实力有限，但是只要小牌的运转正常和健康，并不乏发展空间，而且小牌留有相对较大的创新空间。尽管新人没有多少实实在在的从业经验和辉煌业绩，但却不乏拼搏精神和清新的时尚嗅觉，完全可以在这样的组合中得到锻炼和提高，小牌与新人也更容易在一个同等级的平台上对话。

三、设计师与品牌的磨合

(一) 磨合的焦点

1. 对品牌风格的认同感

认同品牌既有风格是设计师进入工作状态的前提。要做好工作不能排除工作者对自己所做工作的兴趣因素，对有兴趣的工作容易比无兴趣的工作做得更好，这是主动工作与被动工作的区别。做好设计工作的前提是首先要对自己加盟的品牌真正从内心上认同和喜爱，因此，设计师要认真研究本品牌的特点，调整以前工作留下的瑕疵，使品牌风格与个人设计思路保持一致(图 1-26)。

2. 对消费心理的把握度

把握消费心理是设计师进入工作状态之后必须掌握的利器。每一个能够在市场上站有一席之地的品牌都代表着一定的消费群体，都有其存在的理由，设计师是为企业服务的，企业是制造产品的，产品是为消费者服务的，设计师在为企业服务或企业在制造产品的同时，眼光都是关注消费者的。因此，设计师应该摆正自己的位置，不是在设计中表现自己而是用设计来表现消费者，消费者的所想所欲才是设计指南。

图 1-26　2016 年拉夫·西蒙(Raf Simons)担任 Calvin Klein 品牌的首席创意总监,在产品创意营销、LOGO 以及产品设计上都进行了大改革,意图从艺术的角度将品牌从轻奢品牌向高奢品牌转化,但其在 CK 推出的产品常常与自己同名品牌的产品有重叠现象。拉夫·西蒙为 Dior 设计的产品,大家会认为是 Dior,但他为 CK 设计的产品,往往只会让人们联想到拉夫·西蒙

> ■ **案例**
>
> 　　lksm 是一家中型服装企业推出的一个女装品牌,旗下拥有 6 位年轻设计师。在每一季品牌企划完成后,该公司高管要求每一位设计师做一份答卷,在确定下单生产的产品里面,把自己认为将会成为最畅销产品的 10 个款式挑选出来,并且写出自己估计的销售数量,然后与实际销售报表对照,检查销售排行榜前 10 个款式是否与设计师自己挑选出来的结果一致,以此让设计师懂得修正预期,更进一步地准确揣摩消费心理。这不失为一个锻炼设计师掌握消费心理的好办法。

3. 对企业文化的归属感

　　归属企业文化是设计师减少与企业发生摩擦的重要条件。设计师与品牌的磨合还包括其对品牌所属企业的认同,对企业的认同在更大程度上是对企业文化的认同。设计师的工作环境充斥着企业文化,企业的价值观念、人际关系、运作模式和利益机制并不适合每一个人,设计师只有在自己认为合适的工作氛围内工作,减少抱怨和负能量,才能如鱼得水般地发挥设计潜能。从人的适应性来说,刚到一个新环境的第一个星期是最难习惯的,能度过一个星期就有可能度过一个月、一个季度甚至一年,进入一个相对稳定期。

(二) 磨合的途径

1. 工作交流会

　　工作交流会即在品牌服装公司各部门之间或本部门内召开的阶段性工作情况汇报例会。在交流会上,与会成员就品牌运作过程中遇到的问题进行讨论,设计师要广泛听取别人对本职工作的意见,也要清晰地将自己的想法表达出来,提高解决问题的效率。

2. 市场信息反馈

　　市场销售的反馈信息对设计师改进设计品质有很大帮助。设计师应当注意每个产品在本品牌或整个卖场内的销售排行榜上的位置,虚心听取来自销售第一线的意见,注意各方面反映的优点、缺点和希望点分别在哪里,将这些意见经过取舍以后转换成设计语言,融合到以后的设计工作中去。

3. 工作现场

工作现场遇到的问题更具有紧迫感和真实感,多方会合在现场办公可以提高解决问题的效率。设计师的上道工作环节是企划部,下道工作环节是技术部或生产部。设计工作是夹在两者中间的一个环节,设计部门要注意与上下两个环节经常沟通,在商场、车间等发生问题的现场及时解决问题。

4. 检查制度

工作检查制度是保证品牌运作顺利进行的条件之一。工作检查是由上级对下级进行检查,既可以是定期的,也可以是临时的,通常以抽查的方式进行。设计师对工作检查不能持有抵触情绪,而是应该就设计工作中出现的问题与检查者进行探讨,使得被动的工作检查变成主动的工作配合。

5. 团建活动

团建活动是企业为增进员工之间的相互熟悉、发现具有工作潜力的员工、提高员工知识和技能而安排的团队建设活动。由于工作分工的原因,员工在企业内真正能接触到的人十分有限,团建活动是一个很好的认识、沟通、学习的交流平台,一些特定的内容和方式对消除员工和企业之间的隔阂有较好的辅助磨合作用。

(三) 设计师在企业的成长通路

1. 从基础工作做起

从基础工作开始做起的好处是可以真正地熟悉基层工作的情况,为日后开展工作夯实基础。任何一个伟大人物都是从蹒跚学步开始走上辉煌事业旅途的,设计工作也一样,许多国际著名设计师是从学徒工到裁缝师傅,再到设计师、品牌总监一步一步成长起来的。只有这样,设计师才能打下真正扎实的专业基础,可以在今后的工作中轻而易举地解决各种可能遇到的问题。

2. 从多个环节做起

从多个环节做起的好处是可以全面了解各环节真实的工作状态。服装产品的开发像一根有许许多多环节、从头到尾都贯穿着不少变数的链条,如果通晓了各个环节的工作情况,对设计师如何与这些环节配合将起到很大作用。因此,国外有些品牌服装公司通常让刚入职的应届毕业生从站柜台开始,再进入生产部、企划部、市场部、采购部等部门分别工作一段时间,让他们熟悉企业运作状况,积累工作经验和沟通能力。

3. 从市场意识做起

从培养市场意识做起的好处是让设计师通过对市场需求的了解,摆正个人、品牌与市场的关系。设计工作最忌讳的是闭门造车,这种做法对企业来说很可能是灾难性的。由于个性或环境的原因,有些设计师不愿走出写字楼,而是凭着手中的资料进行一些极易脱离市场的设计。深入市场,是要设计师培养临场感,体会市场态势,观察品牌状况,感受消费热点,在市场上多一些"浸泡",培养市场意识,可以使其设计的产品离市场需求更近。

4. 从自我成长做起

从培养自我成长意识做起的好处是找准自己的职业发展方向,合理处理企业与个人的关系。目前的企业一般没有系统的人才培养计划,设计师只能依靠自己的成长意识来不断充实和完善自己。一个设计师的工作能力是相对有限的,不可能胜任所有设计工作,只有在工作中树立自我成长意识,才能积累起适应更多工作需要的设计经验。品牌的成长锻炼了设计师,设计师的才智也促进了品牌的成长。

四、设计师在企业中的工作内容

小型品牌服装公司的设计师的工作内容多样，几乎包括所有与设计沾边的工作。除了完成作为本职工作的产品设计以外，还要兼做产品包装设计、卖场形象设计、企业环境设计等。虽然工作异常辛苦，但可以得到多方面设计能力的锻炼，因此，从小型品牌服装公司中走出来的服装设计师，其设计能力的全面性比较突出，但是由于设计内容太多，工作精力分散，设计品质可能会受到一定的影响。

大型品牌服装公司的设计师工作内容比较单一，只要完成经过企业细化了的设计分工工作即可，其他设计工作可由另外的设计师完成。有些设计师甚至多年仅从事一个品类的设计。虽然此举可能导致设计师得不到其他设计工作的锻炼，但其工作的专门性较强，因此，经过大型品牌服装公司锻炼的服装设计师，其某一方面的设计技能更为专业。

概括起来，品牌服装公司的设计工作内容大致上分为产品设计、结构设计、工艺设计、包装设计、店铺设计、广告设计、企业环境设计等几个板块，分别由多个部门分工完成（表1-1）。

表 1-1　服装企业设计相关工作分工

职能	人员	工作内容
产品设计	● 服装设计师	服装的款式、图案、色彩等设计
	● 饰品设计师	服装的饰品与配件等设计
	● 面料设计师	服装面料的开发与设计
结构设计	● 服装样板师	服装款式的样板结构设计
工艺设计	● 服装工艺师	服装加工工艺和生产流程的设计
包装设计	● 平面设计师	服装的产品标识、VI形象等设计
	● 平面设计师	服装的包装材料、商品包装等设计
店铺设计	● 环艺设计师	服装的卖场环境、商场道具等设计
	● 陈列设计师	店铺的商品陈列、服务形象等设计
广告设计	● 平面设计师	适用于各种媒体形式的广告设计
	● 平面设计师	适用于产品介绍的各式样本设计
企业环境设计	● 环艺设计师	企业内部的区域布局、办公环境等设计

五、服装品牌的发展趋势

(一) 拥抱元宇宙科技，加速智能化与数字化转型

随着科技的不断发展，元宇宙已经成为人们生活中不可或缺的一部分，并为各种不同形式的数字化交互提供了平台。据时尚电商平台 LYST 和 The Fabricant 发布的《2021数字时尚报告》，全球约35亿人是数字时尚客户（Digi-Sapiens），购买力占比超过总购买力的55％。各大品牌都在尝试通过新技术和新平台与下一代时尚爱好者建立联系。在这一大背景下，服装企业与元宇宙的互动会越来越深入，智能化和数字化在未来会成为服装品牌设计和营销的重要手段。在元宇宙的体系下，服装品牌可以通过智能化技术进行产品的辅助开发，并更便捷地开展共创设计；可以通过人工智能和自动化技术来提高设计和生产的效率，提升产品的质量；可以通过虚拟现实、增强现实等技术来打造和展示产品与品牌形象；可以通过数字化营销和销售来提供更好的线上线下购物体验和客户服务，智能化和数字化将成为服装品牌发展的新趋势（图1-27）。

图 1-27　入驻小红书的 Lil Miquela 经常分享日常生活和时尚穿搭,其强有力的流量也吸引了大批时尚品牌与其合作,展示季度最新的产品

■ **案例**

　　虚拟时尚在近几年来颇为流行,加快了其进入主流时尚的步伐。各大品牌纷纷试水虚拟时尚,并通过虚拟网红的角色让虚拟时尚更广为人知。初代虚拟人 Lil Miquela 诞生于 2016 年,这位扎着标志性丸子头,留着齐刘海的巴西和西班牙混血女孩在 Instagram 上拥有 310 万粉丝,是名副其实的时尚圈网红。Miquela 经常在 Instagram 上分享时尚穿搭,也是各大时尚杂志和品牌设计师的座上宾,Chanel、Fendi、Off-White、Prada 等顶级时装品牌争先与其合作。而 Miquela 的带货能力也非常强,例如由 Miquela 担当封面主角的数字杂志 *Euphoria* 发行后,其拍照时穿着的 Moncler x Rick Owens 羽绒服在往后一个月中的搜索量就激增了 43%。类似于 Lil Miquela 的虚拟数字人在品牌中变得越来越受欢迎,"数字化网红"的崛起也会重塑未来时尚圈的互动方式与推广模式。

(二) 以可持续时尚为核心,积极践行社会责任

　　可持续是时尚产业最为关注的话题之一,可持续设计已经成为服装产业的一个重要趋势。2019 年,在开云集团主导下,32 家跨国企业共同签订了《时尚业环境保护协议书》;2021 年 6 月,中国纺织工业联合会正式启动了"30·60 中国时尚品牌气候创新碳中和加速计划"[①]。消费者越来越注重环保和社会责任,他们更青睐那些有环保意识和可持续性发展的品牌,希望购买的服装品牌能够采用环保材料,减少对环境的污染,同时也希望品牌能够关注员工福利和劳动条件,提高社会责任感。可持续设计不仅可以减少对环境的影响,还可以提高产品的质量和价值。可以预见,未来将会有更多的服装品牌采用并践行可持续设计的理念。同时,可持续浪潮也会促使服装品牌和消费者之间的互动更加密切。品牌需要与消费者沟通,了解他们的需求和关注点,同时也需要向消费者传递品牌的可持续性信息,提高消费者的环保认知和意识(图1-28)。

---

① 中国纺织经济信息网. 碳关税来了,纺织业亟需未雨绸缪.（2023－5－9）. http://news. ctei. cn/domestic/gnzx/202305/t20230509_4306349. htm

基于蘑菇菌丝研发的Hermès(爱马仕)Sylvania"维多利亚旅行包"　　用苹果废料做成的皮包——"Apple Skin"

图 1-28　服饰品牌积极寻求采用环保的生物材料来进行产品的制作

(三) 多元化跨界联名合作，发挥品牌协同效应

随着消费者需求的不断变化，服装品牌需要不断创新和拓展业务领域，而跨界合作作为一种新模式，不仅可以为品牌带来新的机遇和增长点，也能为消费者带来更加丰富多彩的购物体验。服装品牌可以与艺术家、设计师等合作，推出限量版或者定制款式，增加品牌的独特性和价值；可以与旅游公司合作，推出旅游装备，为消费者提供更加便捷和实用的旅行装备；可以与健身企业合作，推出运动装备，为消费者提供更加舒适和适合运动的服装；可以与餐饮企业合作，推出联名款式，吸引更多消费者的关注和购买；还可以与科技公司合作，开发智能穿戴设备，为消费者提供更加智能化的服装体验（图 1-29）。

图 1-29　B 品牌×Maserati 联名户外羽绒服

■ **案例**

  2022 年 11 月末,国内羽绒服品牌巨头 B 与意大利豪华汽车品牌 Maserati(玛莎拉蒂)推出了合作的联名系列羽绒服,这一高端户外 WIFI 系列是波司登品牌对经典款升级赋能的破圈之作。性能上,B 品牌以 Maserati 自主研发的双燃烧技术为灵感,创新采用智能锁温科技、"热湿力平衡"专利系统两大蓄热保暖技术,最大程度发挥了产品的蓄热、保暖与透气功能性;用料上,对标 Maserati 通过升级碳纤维车身所呈现的轻量级优势,B 品牌延续"世纪之布"GORE-TEX INFINIUM 面料的使用并进行升级革新,面料减轻 44.3% 的同时不减防风透气性能;以 Maserati 空气动力学车身为灵感,在舒适度和功能性方面都实现了升级;Maserati 经典的三叉戟标识、意式美学设计,也被巧妙链接至羽绒服的设计之中,呈现出别具一格的科技美感①。

(四) 体现包容性和多元性,传递积极的价值观

  多元化和包容性一直是时尚界的重要议题。时尚是文化的表现之一,当大龄、大码、性别中立、适应性服装等热词不断占据时装周和时尚新闻时,服装品牌也开始为更广泛、更多样的基础人群发生改变。互联网和社交媒体的蓬勃会让以往被时尚界所忽视的群体获得更多的发言权,并打破原有制式的审美观。未来的服装品牌需要更加关注不同文化背景和身体形态的消费者,提供多样化的产品,并通过包容性的形象和宣传传递积极的价值观。

(五) 扩张版图与抱团取暖,奢侈品集团收购频繁

  近年来,奢侈品集团并购不断,巨头不断通过收购的方式扩大版图,并逐步形成头部公司集中的格局。例如开云、LVMH 和历峰集团,持续收购高端品牌来进一步打造顶奢矩阵,增加集团竞争的筹码。而定位轻奢的集团与相对落魄的老奢品牌抱团取暖,以此获得对方的活力和品牌影响力,以达到双赢获益的目的。例如 2013 年时尚界最大的并购案,即纽约奢侈品集团蔻驰(Coach)母公司 Tapestry, Inc. 以 85 亿美元的价格收购 Michael Kors 母公司 Capri Holdings。此外,更多的资本通过对不同时尚品牌及公司的收购进入时尚圈乃至借壳上市。无论是哪种形式的联合,时尚奢侈品行业的头部效应将会越发明显。

(六) 挖掘海外下沉市场,电商平台出海破圈

  自 2021 年起,跨境电商成为新的热门赛道。快时尚跨境电商公司 Shein(希音)在海外市场异常火爆,除开独立站外,更多的电商平台也加入到这一赛道中来。例如 2021 年,阿里推出的跨境电商独立站 allyLikes 和在西班牙推出的电商平台 Miravia;2021 年,字节跳动在英国上线 TikTok shop 功能,并开展直播带货业务,同年 Dmonstudio 跨境独立站营业,Fanno 购物 APP 上线,2022 年又推出主打快时尚品类的独立站 If Yooou;拼多多的子品牌 Temu 于 2022 年 9 月上线,仅一个月后就成为 Google Play 购物类下载量第一的应用。大型电商在海外市场积极布局,尤其针对欧美的下沉市场,这一类市场的消费群更依赖线上渠道,中国电商全球化布局的时代开启(图 1-30)。

---

① 搜狐网. 高能跨界! 波司登×Maserati 重磅联名,创新科技让冬天疾速升温. (2022-12-17). https://sports. sohu. com/a/618083145_121392046.

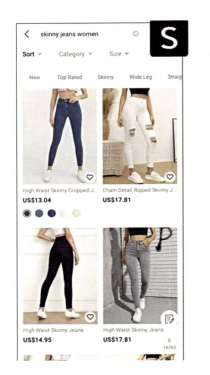
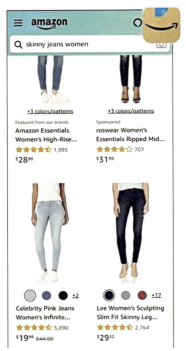

图 1-30　S 品牌以低价＋多款式的模式成功杀入海外市场,其开创的实时零售模式切断了所有中间商,建立了 C2M(消费者到制造商)模式的跨境版本

第二章
品牌服装的设计风格

设计风格是品牌服装的三大构成要素之一。 这并不意味着非品牌服装就一定没有设计风格，事实上，那些服装同样具有一定的设计风格。 两者不同的是，由于品牌服装需要依靠设计风格的连续性来强化顾客对品牌的认知，从而形成相对稳定的消费群体，因此，品牌服装对设计风格的追求十分主动且执着。 相反，非品牌服装则没有对设计风格的连续性要求，因此，它们对设计风格的态度远不如品牌服装那般积极。 设计风格涉及的范围极其广泛，建筑、汽车、家具、首饰、家电、文具、洁具、灯具等，无一不见设计风格的身影。 出于课程的需要，这里所述的设计风格主要针对品牌服装。

第一节　设计理念与设计风格

一、设计理念概述

(一) 设计理念的定义

理念一词源于哲学范畴，意即看法、思想，是思维活动的结果。设计理念是指设计的主导思想和着眼点，是设计的价值主张和思维活动的根本所在。设计理念具有以下三个方面的表现：

从历史表现上看，设计理念是时代的产物，每个时代都有与之相适应的设计理念。设计理念的时代性表明其将随着时代的变迁而变迁，审美标准、社会道德、艺术思潮、价值观念等因素的变化是其变迁的主要原因。

从行为表现上看，设计理念是设计师群体或设计师个人思考的结果，其结果将直接反映在设计行为上，并最终影响到设计结果。设计师的价值取向、设计经历、专业能力和艺术涵养等因素与设计行为的表现有很大关系。

从技术表现上看，设计理念借助于现代科学技术的发展成果，出现了更加技术化和技术复制化的倾向。与仅靠个人经验即可完成的艺术创作不同的是，设计面对的是必须借助技术才能完整表现的产品，技术的先进与否，对于设计理念的发挥具有直接关系。

(二) 设计理念的特征

1. 工业时代的产物

设计与技术有亲缘关系，大部分先进技术是工业时代的产物，因此，设计理念的时代烙印特指工业时代的影响。个人设计理念的形成来自于两个部分：一是设计师本身的艺术观和设计经验。从设计的早期表现来看，设计是一种集多种知识于一身的思维活动，其后期表现才是借助于表现技能的物化过程，设计经验在其中起着举足轻重的作用。二是工业时代的社会生产力水平和技术进步。由于设计是不同于纯艺术的生产活动的一部分，设计的表现离不开生产技术的支持。一个再好的设计想法，没有合适的技术表现手段将前功尽弃；同样，如果没有先进的生产技术为背景，也很难产生基于这一生产技术的设计。因此，不切实际地超越现今生产技术水平的设计只能被看作是"科学幻想"。

在工业化时代，具有革命性设计理念的突破性标志是包豪斯设计运动，它是当时在第二次工业革命背景下，人们的思维对传统设计理念冲击后留下的产物，因此，它提出的"实用至上"的功能主义设计概念一直影响至今，特别强调设计与工艺的结合，认为"艺术家和工艺技师之间在根本上没有任何区别，工艺技术的熟练对于每一个艺术家来说都是不可缺少的"(图 2-1)。

如今，社会进入了"后工业时代"，生产技术更趋完美，为设计思维的扩展提供了更为广阔的表现舞台，迸发出令人炫目的技术美感。反对传统设计理念的思潮更加突出，强调技术与生活的关系密不可分，因此，在人们感叹技术为生活带来极大便利的同时，将更多地依赖于包括人工智能技术在内的技术。同时，人们对 AI、ChatGPT 等人工智能技术也发出了社会伦理拷问。

图 2-1　包豪斯设计运动的典型作品

2. 品牌理念的诠释

　　作为从最初企划到经营结果的行动指南,品牌理念体现了整个品牌运作的基本思路,它是渗透到品牌运作各个方面的品牌经营思想。设计理念是品牌理念的具体落实,作为品牌理念框架中的一部分,充当相对抽象的品牌理念的具体诠释。相对来说,品牌理念更为宏观,具有战略意义(图 2-2);设计理念较为微观,具有战术意义。战略固然重要,战术却轻视不得,两者必须同时具备,一旦两者产生"跛脚"现象,将影响品牌的健康成长。

图 2-2　无品牌理念的服装品牌往往是无序产品的堆积

　　品牌理念完整而设计理念薄弱的品牌将是一个没有生命力的空壳化品牌运作理论框架。反之,设计理念新颖而品牌理念滞后的品牌,其产品虽然可以满足一定的市场需求,能够形成较好的销量,但是,这些缺乏品牌理念支撑的产品将面临品牌难以可持续发展的困境,产品做到一定高度以后便会停滞不前甚至倒退。

　　绝大部分品牌在其诞生之初并没有完整的品牌理念,而是在企业经营和产品开发到一定程度之后，才会认真考虑是否需要完整的品牌理念。如果此时仍未意识到品牌理念的重要性，那么品牌的真正确立就无从谈起。一旦确立了品牌理念，就要建立与之般配的设计理念，并依靠设计理念的物化而体现出品牌的全部面貌。

3. 流行文化的冲击

　　流行文化是指按照一定节奏和周期，在一定地区甚至全球范围内的不同社会阶层中广泛传播起来的文化。其载体包括时装文化、消费文化、休闲文化、奢侈文化、物质文化、生活方式、都市文化、亚文化以及大众文化等，是一个内容丰富、成分复杂的总概念，具有网络化、符号化、虚拟化、享乐化等特征。

　　流行文化在设计理念上留下了深深的烙印。虽然设计理念因介入了设计师个人特质而可能高于偏重大众色彩的流行文化，但是，设计理念始终不能离开流行文化的影响，甚至完全俯首于流行文化（图2-3）。这个不争的事实也正好提醒设计理念的倡导者，即使其设计理念极其新颖前卫，也必须拥有一定的民众传播基础。不然，只能落得曲高和寡的结局。另外，两者之间的关系也正好证明，对设计理念影响巨大的流行文化是设计的重要灵感源，其更加商业化的特征与产品设计的特征不谋而合。比如，当代流行文化的形式和内容发生了颠倒现象，将其对形式的追求列于比内容更加优先的地位，便出现了诸如不断翻拍同一部老电影之类现象。这些广为人知的电影内容没有改变，只是表现形式更加服从于文化市场的需要。由此可以理解，服装的内容并无大变，而离奇的形式变化（设计）却在不断上演。这种变化正好迎合了因流行文化的前行而改变了的流行生活方式的需要。

图2-3　二次元等流行文化对设计理念的影响不可忽视，上图分别为 Louis Vuitton 品牌和 Skechers（斯凯奇）品牌的动漫联名作品。Louis Vuitton 的女装艺术总监尼古拉·盖斯奇埃尔（Nicolas Ghesquière）更是指出自己的设计灵感大量来自于游戏、动漫和幻想电影

(三) 设计理念的形成因素

1. 社会价值氛围的约束

　　对于个体来说，设计是受到社会价值氛围约束的个人思维活动结果。每个社会都有自己的道德观和价值观，个人离不开社会约束。在一个社会里被人人公认的可行事物，可能在另一个社会里是触犯法律的不可行事物。社会氛围的力量是巨大的，在一定的社会氛围内，个人不可能做出违反特定的道德观和价值观的行为，否则将被视为异类而遭到抵制。设计活动充满着商业目的，自然也不愿冒着失去市场的危险进行。虽然某些品牌在设计理念上可以有很大的突破，但这种突破必将受到当时当地社会价值氛围的约束，反映当前主要社会价值观的主流设计理念更是如此。

2. 时代艺术环境的熏陶

　　设计活动不是纯粹的艺术活动，设计理念的产生不如艺术理念那么自由无羁。艺术作品也存在着市场问题,但由于艺术作品更强调原创性,其思维更加自由,形式更为多样,设计往往牵涉到具体的产品,受到的制约更大,发挥的空间更小。因此,设计思潮的出现要晚于艺术思潮,设计理念及表现手法往往落后于艺术理念及表现手法。当19世纪后期西方各种艺术流派叱咤西方社会时,设计探索的争论才刚刚露头。在野兽派绘画早已将西方传统绘画冲击得体无完肤之后,作为设计运动先驱的包豪斯主义才刚被人们所认识。虽然艺术家也会从设计师那里获得艺术灵感,但这种机会比后者从前者那里受到的启发要少得多。

3. 个人设计经验的积累

设计理念的表现形式是流露在设计作品中的设计风格,没有一个成熟的设计理念就没有一种稳定的设计风格。设计风格的形成依靠长期的工作经验积累以及对设计特有的悟性,靠的是设计师丰富的综合修养,包括艺术修养和生活修养。艺术修养是提高设计品味和辨别设计风格的必要条件,也是滋生设计理念和设计灵感的重要土壤。此外,无论是形态还是功能,无论是过程还是结果,对绝大部分人来说,设计比艺术更贴近生活,更能为提高生活质量提供看得见的产品和服务。因此,良好的生活修养是形成设计风格必不可少的条件。

4. 设计表现载体的限定

设计理念必须通过一定的载体才能明确地表现出来。理念是抽象的、虚幻的,载体是具象的、现实的。在这里,设计表现的载体也可以说是每个设计种类面对的最终结果,比如,工业设计面对的是汽车、电器等,平面设计面对的是书籍、标志等,服装设计面对的是服装、饰品等。由于设计种类的不同,设计对象的选材范围和加工方法等截然不同,设计理念也不得不因此而异,这是因为有些设计理念遇到不同的设计表达载体时,并不是"放之四海皆准"的真理,比如,手机的设计理念与服装的设计理念是无法同日而语的。正因为某些载体的特性,使设计理念成为有本之木、顺乎自然的产物。

(四) 设计理念的分类

1. 极端主义

极端主义是指在表现方法或技术手段上无视设计结果的平衡美感而极尽夸张的设计主张,求得近乎惊世骇俗的感观效果,其更多的成分是技术至上主义(图2-4)。

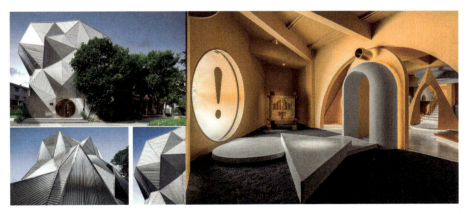

图2-4　设计公司 PIG DESIGN 的作品——"崖空间"艺术收藏馆,以堆叠的悬崖外立面造型和复杂又充满奇异视觉观感的室内空间带给人极度震撼的非常规体验

2. 中庸主义

中庸主义是指安于现状的、拒绝任何激进成分的设计主张,中庸主义有较好的市场性,社会

基础颇为扎实,受到不少跟随主流走向的受众欢迎。中庸主义的变体为保守主义(图 2-5)。

图 2-5　Max Mara 品牌最经典的大衣产品往往呈现保守的风格

3. 唯美主义

唯美主义是指以忽略实用功能为代价,换取形式美感的设计主张。虽然它考虑各个方面的平衡关系,但更强调艺术设计的规律,宁可舍弃功能也要服从美的原则。唯美主义的变体为新古典主义(图 2-6)。

图 2-6　AI 设计的维多利亚式样的屏风,展现了唯美主义风格

4. 现实主义

现实主义也称实用主义,是指根据主流社会的品味,重视设计产品固有价值的设计主张,强调功能性和艺术性结合、尊重价值与价格规律。现实主义的变体为实用主义。

■ **案例**

　　LOGO是品牌视觉形象中尤为重要的符号因素。2021年,有着将近70年历史的快餐品牌汉堡王进行了有史以来第一次品牌升级。不同于其他品牌更新LOGO时的改头换面,汉堡王的新LOGO仿佛是对1969年至1999年风格的致敬和复刻。操刀本次LOGO设计的纽约JKR工作室提出本次的更新是为了突出品牌最本真的属性。例如汉堡王强调火烤、天然与健康的特点,且没有蓝色和发光的食物,因此去除了原LOGO上的这些元素,并放大了字体的比例,让其更符合现代简洁的美感。独特的字体灵感也源自餐厅食物的特点:圆润、大胆与美味。同时,JKR还将几种设计方案的决策权交给了粉丝和消费者,邀请他们来工作坊分享意见,用叛逆性、吸引性、趣味性、现代性等种种指标给设计方案打分(图2-7)。

图2-7　汉堡王新升级的LOGO越来越追求简洁化和扁平化,以求更加适应市场需要

5. 科技主义

　　科技主义也称技术主义,是指注重技术美感的设计主张。在设计中,常常过分依赖新技术新材料的应用,是"科技至上主义"的拥护者,有以炫耀最新科技成果为己任的特征(图2-8)。

图2-8　纺织面料设计师马林·波贝克·塔达(Malin Bobeck Tadaa)擅长将传统纺织材料与光纤、LED灯等新技术结合起来,创作智能纺织艺术品。她用颠覆传统的纺织艺术品创造空间艺术装置,吸引观众与之互动

6. 功能主义

功能主义是指将设计产品的功能性放在首要位置的设计主张。它忽略形式美感、材料美感和技术美感的相互作用，以功能为中心，认为只有最合适的功能才是设计的真谛(图2-9)。

图2-9　日本Nendo工作室设计了一款有两个拉环的啤酒罐，旨在为其倾倒啤酒时产生理想的泡沫，从而获得更好的口感。该啤酒罐整体造型非常简约，独特的双拉环设计使得第一个拉环拉开时，罐内的气体便会集中在开口处，在第二个拉环打开时，酒液与瓶口的接触面积增大，有利于更多气泡的形成，从而实现液体泡沫7∶3的黄金比例

7. 先锋主义

先锋主义是指激进的、致力于探求前所未有的形式的设计主张。先锋主义将凡是出现过的、似曾相识的设计一概视为糟粕，标榜自己藐视一切传统，孜孜不倦地寻找新的表现方式，认为"最新奇的才是最好的"(图2-10)。

图2-10　侯赛因·卡拉扬(Hussein Chalayan)是时装界公认的先锋主义大师，其设计巧妙地透过人体，用科学、艺术、建筑、哲学等更高级的艺术表现形式来展示服装

8. 人本主义

人本主义是指以人的本我需要为出发点，以人体工学为设计依据的设计理念。人的生理需要、心理需要、生活需要、认同需要等都是贯穿于其设计全过程的准绳(图2-11)。

事实上，设计理念所表现出来的思想内容没有那么单纯，它往往不会以一种设计理念的典型特征出现，而是以综合的、交叉的、集成的方式表现在设计结果中。因此，设计理念在实践中的应用往往是融合的、变化的、模糊的。

图 2-11　挪威家具品牌 Varier 致力于设计和生产高品质的人体工学家具。例如其著名的跪椅设计,正是通过稍微向前倾斜的方式使使用者保持一种更加自然的坐姿,不仅提供了更好的灵活性,还能缓解坐着时不必要的压力

二、设计风格概述

(一) 设计风格的定义

风格是指由艺术作品的创作者凭借其对艺术的独特见解,并采用与之相适应的独特手法表现作品的艺术特色和创作个性等面貌特征。风格具有主观和客观两个方面的内容。主观方面是指创作者的创作目标、创作手段和创作态度,客观方面是指时代、民族、阶级、用户等环境因素乃至载体的样式、功能、材料、工具等条件因素对创作的规定性。由于生活经历、立场观点、艺术素养和个性气质的不同,创作者在处理题材、熔铸主题、驾驭体裁、描绘形象、运用表现手法和语言等手段方面都各有特色,从而形成作品的个人风格。

风格必须借助于某种形式的载体才能体现出来。尽管艺术载体的不同使得艺术样式门类繁多,但是,每种艺术样式都有自己的风格,不同艺术样式的艺术风格却有相当的一致性。比如,音乐、美术、建筑等艺术载体都有巴洛克和罗可可风格,也都有印象派和后现代风格,这是因为艺术的发展不是孤单的,它们在一个社会形态中交替发展和相互影响。设计艺术是艺术中的分支,不可避免地带有艺术的风格特征。

设计风格是指在设计理念的驱使下,设计结果所表现出来的设计个性和艺术趣味等面貌特征。在经过了大量设计实践活动之后,设计风格在环境因素和条件因素的综合作用下逐步形成。在风格的前面加上"设计"作为前缀,界定了这种风格只是针对设计事物而言,在主观上反映了设计师的设计追求,在客观上反映了时代、民族、市场、产业、设计载体等方面对设计的规定性。

(二) 设计风格的特征

1. 以外观体现风格

设计风格以设计结果的外观表现被人们感知。人类90％以上的外界信息来自于视觉，尽管设计横跨艺术与技术两大领域，并且涉及多个其他学科领域，但是，人们最初感知设计结果的方式一般是视觉，即首先通过设计结果的外观感知它的存在及其存在效果，其次再通过试用、试听等体验方式对其进行判断。研究表明，很多消费者首先是在对产品"颜值"满意的前提下，才引起购买欲望。对于时尚类产品来说更是如此，部分消费者宁可以牺牲产品的功能为代价来换取自己满意的外观设计风格。

设计结果的外观风格主要借助设计元素及其有效组合而体现。在不同类型的产品中，造型、色彩、图案、材料、形态等设计元素所发挥的作用和使用的方法不尽相同（有关设计元素的详细内容参见第四章）。

2. 以内涵支持价值

设计风格以设计结果的内涵支持其价值实现。强调设计风格的主要目的是提升设计的价值，虽然设计风格首先通过设计结果的外观被人们感知，但是设计结果的价值需要依靠其内涵才能真正实现。设计的价值最直接的体现是，在材料使用、加工手段等其他产品制造成本不变的情况下，可以通过改变设计来提高该产品的原来售价；或者是在材料和加工成本有所增加的情况下，通过改变设计来保证产品售价的增幅超过前两者的增幅。

这一目的并不是通过简单地改变产品的外观就能轻松获得的，而是要将这种改变首先提高到创造设计风格的高度，把品牌文化、产品功能与顾客期望相结合，在产品材料、加工技术和营销手段等生产要素的配合下，才能最大限度地挖掘出设计的内涵。

3. 以时代作为背景

设计风格以设计行为发生的时代背景作为设计主张的理由。设计是一种具有明显创新成分的创造行为，如何超越现状成为其必须面对的课题，解决这一课题的依据是了解当前的行业现状和流行趋势。同时，设计又是一种十分强调功利性的生产活动，过于超越现状将会面临被社会拒绝认同的风险，克服这一风险的关键是保持设计理念与设计风格适度超越现状。因此，设计风格也就具有了鲜明的时代背景特征。

时代的变化是多方面的，意识形态、社会结构、科学技术、产业结构等都处于动态变化之中。当时代发生变化，设计风格的主流必将出现相应的改变。虽然设计个体可能不会迅速地发生转变，但是，时代的要求将迫使整个设计群体采取应对措施。

(三) 设计风格的形成因素

1. 企业文化的影响

企业文化是指运用文化的特点和规律，以提高人的素质为基本途径，以尊重人的主体地位为原则，以培养企业经营哲学、企业价值观和企业精神等为核心内容，以争取企业最佳社会效益和经济效益为目的的企业精神、发展战略、经营思想和管理理念，是企业员工普遍认同的价值观、企业道德观及其行为规范。企业文化是在企业发展过程中逐步形成和培育起来的，具有本企业特色。可以说，有企业就有企业文化。

企业文化影响着企业的每一个内部成员，要求企业的每一个工作环节都与企业文化建设设定的目标保持一致性，设计师作为企业内部成员之一，其设计风格不可避免地受到企业文化有形或无形的规定性作用。设计师在以前的设计实践中形成的个性化设计风格，在进入一个新的企业之后，因该企业文化氛围的影响，将会或多或少地发生变化。虽然设计风格更多地属于设计师个人,但是,既然企业文化得到企业员工的普遍认同,那么,作为企业成员之一的设计师的职业行为也必须符合企业文化的总体需要。因此,设计风格应该服从企业文化。

2. 品牌诉求的约束

品牌诉求是有关品牌的精神内涵和经营目标的综合主张。品牌诉求的实质是品牌愿景面向顾客的用户层体现,即通过通俗的可知觉语言,把抽象的品牌愿景解释为顾客可以感知的具象的现实形态。品牌愿景是指一个品牌为自己确定的未来蓝图和终极目标,包括未来环境、品牌使命、品牌价值观三个部分,其主要作用是向自己的目标受众传达特定的品牌信息,并从企业绘就的品牌蓝图中,带给消费者实际利益和品牌价值。从品牌生命周期理论来看,一个品牌在其诞生、生存、成长等不同阶段有不同的品牌诉求。在品牌愿景的指导下,品牌诉求有着相应的规定性。

品牌愿景对品牌诉求的规定性,导致品牌诉求对设计风格也有了相应的规定性。这种规定性对设计风格形成某种程度的约束力,在系列产品的设定、设计元素的选择、产品评审的标准等方面表现出来。比如,在面对设计元素时,如何确定设计元素的种类、系列分配的比例和使用部位的处理,将参照品牌诉求所约定的可知觉语言进行,审核其是否符合品牌的精神内涵和经营目标,使品牌诉求与企业使命、品牌愿景、价值观的描述保持一致,满足品牌产品竞争已经进入品牌文化竞争的时代要求。只有这样,品牌服装设计才能有别于一般服装设计,提升设计水平,使设计行为本身上一个新台阶。

3. 设计趣味的驱使

设计趣味是指设计师个人在具体的设计实施中所拥有的特殊爱好,表现为在设计作品中固有的细节处理、色彩搭配和材料选择等倾向性表现。相对来说,设计理念是理性的,设计趣味是感性的。前者有某些理论特征,是用比较宏观的眼光看待设计;后者完全是实践操作,利用微观的手法处理设计,是必不可少的设计作品的亮点所在。

有设计理念才会提升设计风格,在设计理念的指导下处理设计趣味,作品将更有内涵和个性。没有设计趣味的参与,设计风格将会空洞化、抽象化、虚无化。但是,仅仅为了表现一些设计趣味而设计,不从建立设计风格的高度看待设计,将会使设计趣味停留在原始位置,无法从宏观上得到提高,而且,设计趣味的凑合并不能代表完整或成熟的设计理念,因此,设计师要懂得两者的关系,并有意培养自己的设计理念。

当设计师意识到自己的设计理念的归属时,设计师的个人风格已经基本定型了,此时,设计风格与品牌风格完全一致的话,将是一个非常好的组合,可以让设计师的才华尽情发挥;如果两者的差异不大,则可以相互融合,相互影响;如果两者的差异太大,这种组合效果较差,工作效率也相当低下,将有孰是孰非之争。

(四) 设计风格的分类

1. 传统设计风格

传统设计风格是指以历史遗产和文化传统为特征的设计风格。历史流传下来的那些具有民族性和地域性特征的题材、工艺和样式都是其表现素材。当然,传统设计风格并非简单的沿袭,而是需要对表现素材进行不同程度的创新(图 2-12)。

2. 现代设计风格

现代设计风格是指以现代价值理念和风尚为特征的设计风格。"现代"具有相对性,其设计

图 2-12　新中式的家具是在传统中式风格的基础上进行的改良

风格的内涵也随着年代审美取向的变化而延伸,以前的"现代主义"将会演变成保守的典型,当今的现代风格被说成为"后现代风格"(图 2-13)。

图 2-13　扎哈·哈迪德(Zaha Hadid)设计的广州歌剧院具有现代设计风格

3. 主流设计风格

主流设计风格是指以社会主要潮流和品味为特征的设计风格。为社会上具有相当经济实力和代表当前主要社会价值取向的消费群体而服务的设计风格的集合,形成了所谓"主流设计风格"(图 2-14)。

4. 另类设计风格

另类设计风格是指以突出个性和满足小众客户为特征的设计风格。其设计结果观感奇异,为游离于主流社会群体之外的、审美取向独特的消费群体服务的设计风格的集合,形成所谓"另类设计风格"(图 2-15)。

5. 自然设计风格

自然设计风格是指以推崇本质和效仿自然为特征的设计风格。将自然事物的造型、色彩、

图 2-14　街头风格在前几年异军突起，成为时尚领域的主流设计风格之一

图 2-15　印度建筑师玛纳斯·巴蒂亚（Manas Bhatia）设想的会生长、会呼吸，能适应不断增长的住房需求的共生建筑体

图案甚至肌理等基本外观属性提取出来，用于产品设计并注重其结果与自然在意象上的融合，是这种设计风格的主要表现（图 2-16）。

6. 人本设计风格

　　人本设计风格是指以功能为先和尊重本我为特征的设计风格。从人的本原出发，完全从人的自然属性角度，意在用产品把消费者还原为一个个去除了社会属性的"自然人"的设计主张（图 2-17）。

7. 简约设计风格

　　简约设计风格是指以简单集约和以少胜多为特征的设计风格。受到功能主义的影响，简约

图 2-16　新艺术运动理念的作品是自然设计风格的践行者。左图是法国工作室 Malka Architecture 对法国驻维也纳大使馆进行的翻新设计。该大使馆顶部安装了一系列源于花瓣灵感的、新艺术风格的"光炮"。这些环形光炮能够收集、放大和漫射自然光，同时创造自然通风。右图是伦敦设计工作室 Tord Boontje 创作的台灯 Light Flower，整体造型宛如自然生长的花束，灯罩由球茎的花瓣构成，灯体是花的茎杆和绿叶，充分体现了自然与功能的结合

图 2-17　2016 年起，美国时装品牌 Tommy Hilfiger 推出了适应性服装系列。例如带有磁铁的拉链外套，穿着者能够单手就轻松拉上衣服的拉链，解决了部分手指残疾人士的难题；裤子两侧的魔术贴和双拉绳设计，能够让穿着者轻松把裤子穿上；肩颈以及门襟位置的磁铁纽扣设计，让更多的服装适应残疾人士穿着

设计风格腻烦了喧嚣的城市生活，从为消费者减压的角度出发，去除一切不必要的细节，推崇"少即是多"的设计理念（图 2-18）。

8. 繁复设计风格

繁复设计风格是指以细节复杂和炫耀技术为特征的设计风格。批判简约主义为虚无主义，注意设计结果在多种要素下可以达到的和谐高度，借助机器难以完成的复杂的手工制造程序，表现出复杂而精美的结构特征（图 2-19）。

图 2-18　纽约的 Porto Rocha 工作室为位于巴西的公共艺术博物馆——巴西利亚国家博物馆设计的新形象，简约又现代的圆形与方形组合，取材于博物馆圆顶的鸟瞰图，传递了博物馆内外空间的联系

图 2-19　繁复设计风格在灯具产品中的体现

9. 绿色设计风格

　　绿色设计风格是指以维护环境和保护生态为特征的设计风格。以环境保护和生态循环为追求目标，充分考虑设计过程、生产过程和消费过程的"低碳化"，设计结果表现出低调、自然、纯

朴、回归的特征,通常比较含蓄、内敛(图2-20)。

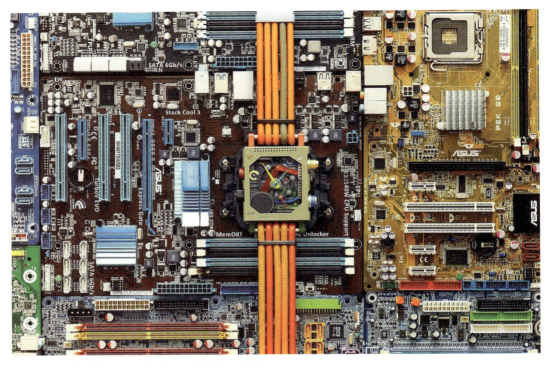

图2-20　这款手表采用电子垃圾制成,腕带则由电线组成

10. 流行设计风格

流行设计风格是指以捕捉时尚和迎合大众为特征的设计风格。由于社会流行趋向和大众喜好口味的多变,这种设计风格的表现极其不稳定和多样化,而且任何设计结果一旦大面积流行,其价格必然下降,成为大众商品(图2-21)。

图2-21　3D孟菲斯风格和塑性黏土风是当下平面设计领域的流行风格

第二节　品牌服装设计风格概述

一、品牌服装设计风格的概念界定

(一) 品牌服装设计风格的定义

服装风格是指服装设计师通过设计方法,将其对服装现象的理解用服装作为载体表现出来的面貌特征。从理论上说,任何一件服装都可以划归到一定的风格类型里面,因为它们都存在产品设计风格的一般要素。在实践中,一些风格既鲜明又新颖的产品容易被人们关注,认为是具有风格的产品。而在某种背景下,一些特征比较模糊的产品往往被认为不具备风格。事实上,某种背景下的模糊不是没有风格,只不过是因其个性不明显而不能突出于这种背景。比如,我国"文化大革命"时期千人一面的服装在当时背景下没有风格可言,如果出现在今天的时尚队伍中,将会因风格非常鲜明而引人注目。

品牌服装设计风格是指以品牌文化和品牌诉求为原则,以时代变化和市场需求为导向,渗透了设计师个人风格的产品面貌特征。服装设计是艺术设计中的分支,其绝大多数设计结果是投放市场的产品,只有部分设计结果才能称为"作品"。相对来说,前者的艺术成分少于后者,但也可以具备一定的艺术风格。正因为服装只是部分地带有艺术特征的产品,所以艺术风格的含量也随之减少。

(二) 品牌服装设计风格的特征

1. 设计风格提升物质材料的价值

设计风格的价值与物质材料的价值在很多情况下不成正比。品牌服装设计的误区之一是认为物质材料价格越高,设计风格就越明显。虽然高价材料有其高价的理由,可以在一定程度上方便设计风格的表现,但绝不是带动设计风格之价值的主要理由。因此,用质优价高的材料制作服装,带动的是因产品材料成本增加而价格相应提高的售价,并不能真正反映设计风格的价值。从服装的物质构成来看,面料的价值主要掌握在面料公司而不是服装公司手中,后者在面料方面要达到高标准并不难,但可挖掘潜力十分有限,突破的可能性也不大。相反,倒是一些普通面料在设计风格的支持下,提升了原有价值。比如,一些服装公司绞尽脑汁地提高产品设计水平,其目的就是希望用设计放大物料本身拥有的价值。

2. 设计风格选择生产工艺的类型

设计风格需要恰当的生产工艺表现。根据服装生成的一般程序,在设计风格确定的前提下,才有对生产工艺的选择,因此,采用哪种生产工艺是设计风格选择的结果。尽管新的生产工艺可以从某种角度上激发设计灵感,或者说一种生产工艺的表现对应着一种服装制作的效果,但是,设计风格还有其他设计元素的加入,所以,在大部分情况下,生产工艺应当任由设计风格选择。比如,一些失传的传统工艺并不是因为那些工艺本身不美观,而是除了企业追求生产效率的原因之外,设计风格因人们的审美口味发生了很大变化而使消费习惯做出了相应改变,那些传统工艺已经不能成为设计风格的首选,无形中遭遇了被淘汰的命运。

3. 设计风格附和市场需求的走向

品牌服装的设计风格具有明显的商品特征。在品牌运作过程中,资本的逐利性和商品的流行性使得商品不断地发生着循环上升的交替性变化,设计风格也附和着出现了相应变化。尽管设计风格带有明显的设计师个人思维的痕迹,但是,有生命力的设计风格是市场需求的反映,没有市场需求的设计风格将难以存在,因此,设计风格是对市场需求的附和。一种设计风格的名下可以囊括无数具有同样风格特征的产品,一件产品却往往只能归类到一种对应的设计风格名下。就品牌服装而言,一个品牌可浓缩为一种设计风格,一种设计风格则可以涵盖众多品牌。当这种涵盖范围越广,就越是表露了流行迹象,也越是证明了设计风格为了满足市场需求和顺应流行趋势而进行自我适应的商品特征。

二、 品牌服装设计风格的形成因素

(一) 设计理念

设计风格以现代设计为理论先驱。服装设计是现代设计的一个分支,其风格的形成将不可避免地受到现代设计理念的影响。由于服装设计的结果是提供给人体穿着的服装产品,首先要考虑人的舒适性,其可供表现的设计自由度不如其他一些设计领域那么宽泛。因此,在大多数情况下,服装设计理念不如其他制约因素较少领域的设计理念那么激进,表现手段也相对有限。尽管如此,现代设计中的设计理念仍然极大地影响着服装设计,这一特征在小众化品牌服装中得到了充分体现,尤其在创意服装中表现得更是淋漓尽致。

(二) 人体工学

设计风格以人体工学为科学依据。现代科学技术的发展使人类开始有更多的条件和手段研究自己,也更进一步地了解了自己。由于服装是除了化妆品以外最直接接触人体的产品,服装设计受到人体工学的制约已不再仅仅表现为服装的款式、色彩、面料的翻来覆去的变化,而是提出了舒适性、防护性、运动性、保健性、环保性等更高层次的要求。当前,在生命科学、材料科学等学科的支持下,人体工学在一些研究领域方面取得了很大进展,其研究成果为服装设计的突破提供了科学依据,近年来不断问世的"可穿戴设备"便是例证。

> ■ **案例**
>
> H品牌是国外一家进入中国市场已有20年历史的著名女士内衣公司的品牌,其设计理念是"美丽女人的一生"。为了使其产品能够真正体现这一设计理念,该公司不仅跟踪研究女人体从0岁到20多岁的变化,还研究女性在静止状态和运动状态下胸部的变化曲线,从而在文胸上设计特殊的结构,使女性胸部造型不受奔跑的影响。另外,该公司还不惜代价,孜孜不倦地悉心研究女性人体的细微变化,特意委托东华大学等国内专业服装院校在华北和华东地区开展中国女性人体数据库研究,每隔3年分别在同一地区进行一次约800个人体样本的数据测量,事先按照年龄、职业等要求寻找被测样本,每个人体测量60多个数据,通过对这些基础数据的研究分析,得出近3年中国女人体的变化参数,并将这些参数作为修改其基础胸台和产品规格的依据。这种非常专业的以人体工学为基础的设计理念,使该品牌在中国市场赢得了很好的口碑。

(三) 生活方式

设计风格以生活方式为市场导向。当前人们越来越重视个人的价值,服装的个性化设计可以辅助人们达到这一目的。尽管与诸如电信、互联网、人工智能等其他产业相比,服装产业对人

们生活方式改变所起的作用较小,但是,服装设计师正通过自己的努力,积极参与改变人们生活方式的社会潮流,改变了的生活方式也反哺性地大大解放了服装设计思维。由于服装的设计调整比较容易,生产方式相对比较灵活,因此,服装从满足个性化的角度去满足生活方式的改变也相对比较容易,成为服装品牌的市场导向。

(四) 物质材料

设计风格以服装材料为表现手段。高新技术的飞速发展正在积极改造传统的纺织行业,使得被称为"夕阳产业"的纺织行业获得了新生,纺织面料新品种的大量开发和具有高科技含量的新服用材料的大量涌现,让设计师们拥有了多样性选择余地,扩大了施展设计才华的舞台,为服装产品风格的多样化提供了可能。品牌服装作为服装中的主要力量,更是如鱼得水,设计表现的手段得到了空前的扩展,这一服装产业的新动向也进一步促进了新的设计风格的形成和旧的设计风格的改变。

(五) 加工方法

设计风格以加工方法为技术支撑。高新技术成果突出体现在服装加工机械设备的进步,为表达设计思维提供了必要的技术支持。服装机械越先进,加工出来的服装产品质量就越高,工艺花式就越多,表现设计灵感的手段就越广。为了达到标新立异、品质至上的效果,具有自主生产能力的品牌服装企业在改进加工工艺方面总是不遗余力,添置昂贵的新型服装机械,不断探索新的加工工艺,十分注意生产质量的提高。在原创设计能力尚显不足的服装企业,先进的机器设备往往是他们用来增强竞争力的利器。

三、 品牌服装设计风格的分类

(一) 主流风格

1. 经典风格

经典风格是指由一些经过时代洗礼而流传下来的经久不衰的设计元素所构成的风格样式。此类风格不太注重追随时尚,力求保持原来本色,用一种"以不变应万变"的态度,淡定地面对快速变化的流行市场,隐约透露出传统的服装韵味,是一种比较成熟的、能被大多数讲究穿着品质的消费者接受的服装风格(图 2-22)。

图 2-22　20 世纪 50 年代的服饰以其经典、优雅的风格被时尚界不停地演绎

2. 休闲风格

休闲风格是指由一些体现轻松自由和回归自然的设计元素所构成的风格样式。此类风格以贴近日常生活为本，在整体上呈现出随意、宽松的特征，十分注重还原穿着者的本我状态，强调服装的基本功能，便装化特征明显，市民气息浓郁，涵盖了家居服、户外服等不同服装类型，适合于几乎所有生活场合穿着（图2-23）。

图 2-23　Amemerican Eagle 是典型的美式休闲风格品牌，其产品多为舒适、时尚并适合多种场合穿着的休闲类服装，尤以牛仔类产品出名

3. 中性风格

中性风格是指由一些性别特征模糊的设计元素所构成的风格样式。此类风格选择的设计元素大都没有明确的性别标识，无论是面料、图案、色彩，还是造型、部件、装饰，基本上都可以在男装与女装上通用，或者是将原来属于男装的设计元素用在女装上，原来属于女装的设计元素则用于男装上（图2-24）。

图 2-24　Cold Laundry 是来自英国的中性风格品牌，品牌善于利用利落的轮廓、治愈系的色彩和宽松的剪裁打破男女装的界线

4. 淑女风格

淑女风格是指由一些能够体现清纯贤淑和轻盈灵秀意味的设计元素所构成的风格样式。此类风格执着于优雅非凡的女性形象,表现典雅的淑女气质和风范,提倡挖掘一切符合这一风格特征的设计元素,打造更具个性和品位的女人。在表现形式上,淑女风格以清新、淡雅、飘逸、合体、经典的样式为主(图2-25)。

图2-25　杭州淑女装品牌秋水伊人

5. 商务风格

商务风格是指由一些适合于商务工作需要的设计元素所构成的风格样式。因各地商务工作习惯的不同,此类风格对设计元素的风格定义也不尽一致,涵盖的服装类型非常广泛。随着近年来第三产业的迅速发展和商务人士的大量出现,以严谨风格为基调、夹杂着其他风格特征的商务风格服装已经逐渐成为一种风格比较明显的服装类型(图2-26)。

图2-26　商务女装品牌 Lily

6. 混搭风格

混搭风格是指由一些看似毫不相干甚至相互冲突的设计元素所构成的风格样式。此类风格的设计元素比较新潮，组合方式不同寻常，尤其是在一个完整的着装形象里，利用具有不同风格的整件衣服进行任意搭配，并巧妙利用服饰品调节风格上的细微变化，追求具有"高感度"的时尚品味（图2-27）。

图2-27　混搭风格产品

7. 都市风格

都市风格是指由一些能反映"快时尚"特征的设计元素所构成的风格样式。此类风格十分强调服装流行信息的应用，款式的变化节奏快，产品的流行周期短，以工作环境为基调，兼顾生活、社交、娱乐等多种着装场合，因此，都市风格的服装涉及多种服装类型，符合都市人礼节性交往和快节奏生活的需要（图2-28）。

图2-28　ZARA品牌是都市风格的典型代表

8. 运动风格

　　运动风格是指由一些具有竞技体育服装特征的设计元素所构成的风格样式。此类风格通常应用夸张的文字图案或鲜艳的色彩镶拼，面料以针织物为主，廓形则比较简单，产品风格十分明确。它们不是用于正式体育比赛的服装，受到大多数年轻人的喜爱，已经逐渐演变成在日常生活中穿着的主要服装类型之一（图 2-29）。

图 2-29　以网球衫为核心产品的 Lacoste 品牌主打运动风格设计

（二）支流风格

1. 民族风格

　　民族风格是指由一些民族文化特征十分鲜明的设计元素所构成的风格样式。此类风格往往比较抢眼，成为产品风格差异化的主要手段。但是，由于人们对民族文化存在着理解上的差异，其设计元素的采纳程度和设计风格的流行区域将会有所限制。因此，在把民族元素处理成品牌服装设计元素的过程中，通常会进行所谓的"符号式应用"或"现代化应用"（图 2-30）。

图 2-30　地域特征强烈的图案和单品往往是民族风格产品呈现的重点

2. 军警风格

军警风格是指由一些具有军队或警察等国家机器的制服特征为设计元素所构成的风格样式。此类风格在保持品牌服装设计风格诉求的同时，利用军警制服的肩章、兜袋等部件元素，军绿、迷彩等色彩元素和绳带、镶边等装饰元素，采用硬挺的面料和合身的结构，在皮靴、腰带等服饰品的配合下，营造出军警制服特有的阳刚英武之气（图2-31）。

图2-31　军警风格的产品

3. 校园风格

校园风格是指利用一些具有校园文化或学生制服特征的设计元素所构成的风格样式。此类风格一般参考某些名校的学生制服或校徽校标，除了一些被指定为校服的服装以外，通常会弱化制服痕迹，设计出能被更多青少年甚至成人认同的流行服装，以他们喜闻乐见的方式，在不失时尚度的前提下，使前者获得身份归属感，后者重温校园学子梦（图2-32）。

图2-32　Ralph Lauren 和 OiOi 品牌呈现的校园风格服饰产品

4. 动漫风格

动漫风格是指由一些从动漫、电玩或漫威电影人物中演化而来的设计元素所构成的风格样式。此类风格的设计元素可以明显看出某些动漫作品中的人物着装特征,相对比较夸张、炫目的服装外观反映了当代一部分年轻人的着装偏好,比较适宜于动漫展或类似主题集会时穿着(图 2-33)。

图 2-33 在特定年龄层里,喜欢动漫风格服装的人群不在少数。图为喵屋小铺出品的 Cos 服

5. 浪漫风格

浪漫风格是指由一些富有诗意的情调或充满幻想的设计元素所构成的风格样式。此类风格的市场定位往往在某些方面超出现实消费者的真实需求,一定程度地无视衣着环境的制约,在服装产品中极力营造梦幻般的浪漫气息,并可以进一步分解为婉约、清纯、潇洒、飘逸、柔美、妖媚、迷醉等服装风格体验(图 2-34)。

图 2-34 浪漫风格产品常常采用轻薄的材质进行塑造,并配以花卉、荷叶边等装饰

6. 户外风格

户外风格是指由一些具有户外运动特征的设计元素所构成的风格样式。此类风格的标识性没有运动风格那么明显,更接近于休闲风格与运动风格的结合,力求在爬山、郊游、垂钓、野炊等非竞技性户外运动中物尽所能,因此,此类风格比较讲究产品的功能性,要求有较高的防护指数(图2-35)。

图2-35　COLUMBIA品牌中航海系列的户外功能服饰

7. 乡村风格

乡村风格是指一些由具有田野特征和民俗口味的设计元素所构成的风格样式。此类风格具有明显的非都市化特征,将民族的、民俗的、地域的、原始的、豪放的、悠闲的设计元素融入其中,并以其自然亲和的风格特征而独树一帜,在当前以现代气息为主要潮流的服装风格中,具有十分鲜明的个性(图2-36)。

图2-36　粗纺类面料与民俗感的图案是乡村风格的代表元素

8. 另类风格

另类是指由一些功能错位或形式怪诞的设计元素所构成的风格样式。此类风格是对大多数现有服装风格的反叛,以标新立异为己任,其风格取向不惧稀少,只怕雷同,具有相当的创新性。在实践中,此类风格推广到一定程度时,其另类的成分降低,大众的成分上升,设计风格将摆脱旧的桎梏,寻求新的突破,求得新的"另类"(图2-37)。

图 2-37　另类风格产品往往不以日常生活为穿着环境,表现极端化风格特征是其主要目的

第三节　品牌服装设计风格的确立

一、确立的依据
(一) 稳定性

服装设计风格的稳定性是指设计风格在一定时间内保持不变的相对程度。稳定的设计风格有助于消费者对品牌的认知。对一个新的服装品牌来说,品牌风格在一定时期内的稳定有助于消费者对品牌的认知,不要因上市之初的销售业绩不理想而匆忙改变设计风格。有相当一部分忠诚的品牌消费者要求品牌也能忠诚于他们,即不断给他们提供设计风格稳定的产品。品牌档次越高,此类消费者越多。因此,稳定的品牌风格是抓住消费者的利器,这也是一些著名品牌设计风格多年不变的原因。

对设计师来说,影响其个人设计风格发生改变的因素主要有两个:一是个人生活事件的突变会促使其设计风格产生变化,这种变化来自于主观意识,是急剧的、跳跃性的改变;二是社会思潮的兴起对设计师的影响,这种变化来自于客观现实,是渐进的、潜移默化的改变。

(二) 模糊性

服装设计风格的模糊性是指设计风格在一定范围内发生的认知疑惑程度。服装设计风格因多种影响因素的作用而相对模糊。与纯艺术作品的风格相比,服装产品的风格更易显得模糊,这是因为影响服装风格的客观因素很多,一些具有一定风格的材料非但难以改变其原来面貌,而且会修正设计的本意,影响原始设计动机。比如人们很难想象用一块具有强烈的夏威夷风格的面料来设计一款校园风格的服装。

图 2-38 典型风格产品的外围由非典型风格产品包围,两者在各品牌中的占比不同,其风格的清晰与模糊呈零和关系

尽管人们对某个款式的风格属性难以认定(其实,模糊也反映了一种风格,比如服装在性别上的难以辨认反而成就了当下颇为流行的中性风格),但是,由于产品的设计风格与个人的主观判断有着密切关联,表达了人们对某一事物外貌的评价,因此,对服装风格的定位也不可避免地带有主观色彩,有许多服装的风格不易界定。对某一个品牌而言,其典型产品的风格特征比较清晰,非典型产品的风格特征比较模糊(图 2-38)。

(三) 流行性

服装设计风格的流行性是指设计风格在一定区域内出现的产品保有程度。保有量越大,其流行程度越高。服装是具有强烈时代特征的流行产品,即使设计师不主动求变,其设计风格也会在一定程度上受到消费者流行趣味的影响而改变。

服装设计风格的流行性还在于一种风格一旦被市场认可,便极有可能被其他品牌争相模仿。由于设计风格比较外观化,对模仿者来说,通过对现成样板的抄袭而达到外观上的形似并不难,而且可以节省自己的开发成本。为了摆脱这种困境,真正的服装品牌自身应该具备不断创新的能力,在品牌文化的指导下,建立他人不易模仿的符号化设计风格。

> ■ **案例**
>
> SNW 品牌是国内市场业绩表现突出的本土少女装品牌,其服装产品的设计风格非常鲜明,几乎每一个时尚少女都知道这个品牌。但是,在 SNW 品牌推出之初,过于注重营造理想化少女形象的特点也限制了其受众面的进一步扩大。为了迎合市场,从数年前开始,SNW 品牌在保持其经典元素占大比例的基础上,在推出的产品中总是留出一定比例让给流行元素发挥,产品风格因此而产生微妙的变化,使原来每年增长 5%～8% 销售业绩提升到每年增长 15% 左右。前不久,该品牌在其品牌知名度大举提高的基础上,实行了品牌延伸战略,推出的家纺系列产品在设计风格上与服装产品一脉相承,使原来的品牌拥趸们欣喜万分,终于可以买到与自己的服装风格一致的家纺产品,获得了十分亲切的品牌体验。

(四) 转换性

服装设计风格的转换性是指设计风格在主次关系上保持的变动程度。虽然品牌服装的设计风格需要相对的稳定性，但并不是一成不变的，相反，设计风格必须进行一定程度的应时而动。创造流行只是品牌的美好愿望，没有相当的实力支撑，这个美好愿望只能成为一种难以实现的奢望。因此，大部分品牌服装的设计风格会随着大众审美口味的变化而做出相应的调整。

品牌服装风格阵营里的格局也会发生转换。主流风格和支流风格是相对的划分，今天的主流风格可能会变成明天的支流风格，反之亦然。风格的名称与样式也会发生变化，新的风格会不断诞生，旧的风格会逐渐淘汰，或者新旧风格相安无事地同时并存。

二、 确立的方法

(一) 风格诉求确立法

围绕风格诉求确立设计风格是品牌运作惯用的手段之一。风格诉求是品牌诉求的一部分，品牌用感性的方式，向目标受众诉说其设计风格的主张和理念，以求达到所期望的反应。设计理念的确立不是对设计风格进行简单的选择，而是要看设计师的内在素质是否与这些理念合拍，一切非自然的、强硬的理念与风格对接都是徒劳的。虽然设计理念可以从设计师群体中分化出不同类型，但是，设计师的个人理念是可以改变的，只有当设计师意识到原先固有的设计理念已经不符合品牌诉求时，设计理念的变革才会显得有意义，因此，确立品牌服装设计风格首先要以风格诉求为原则。

(二) 运作成本确立法

运作成本是品牌运作必须面对的现实问题。从理论上看，只要主客观条件允许，在运作方式正确的前提下，任何设计风格都可以实现，但是，其中不仅会遇到运作成本大小的问题，而且也会遇到成本与收益的平衡问题。即使实现某种设计风格的成本是相同的，对于底子不同的企业来说，将意味着成本比例的不同，进而影响到企业的经营效益。由于与经济效益挂了钩，企业的品牌运作本质上是一种非常现实的商业行为，再有长远眼光的企业也必须兼顾眼前经济利益。因此，确立品牌服装设计风格必须要以运作成本为原则，在确保企业生存的前提下，确立自己的产品设计风格。

(三) 未来发展确立法

未来发展是品牌运作对将来形势的判断和预期。由于品牌运作是一种把利益的真正着眼点放在将来的战略性经营行为，而战略上的胜利远比战术上的胜利更为重要，因此，在企业生存得到保障的前提下，品牌发展的战略意味着宁可适当牺牲一部分眼前利益，也要确保将来的长期利益。换而言之，人们不能主观地断言一种当前尚未成为市场流行的设计风格将来会不会成为市场的主流。这就要求在确立品牌服装的设计风格时，应该通过比较严格的可行性论证，对国家和地方的文化倡导、企业的品牌发展战略、生存环境、经济实力等方面拥有一定的前瞻性，预留一定的发展空间。

(四) 市场布局确立法

市场布局是品牌运作中十分重要的战术步骤。困扰服装品牌良性发展的因素之一是设计风格的过快更换或太过死板，这两种因素都与品牌的市场布局有关。市场布局过快或过慢，过宽或过窄，过正或过偏，都将成为经营业绩的不稳定因素。品牌服装的市场布局分为主动布局和被动布局两种，伴随而来的是设计风格的主动调整和被动调整。主动调整一般是在盈利状态良好的情况下，为了追求更好的销售业绩和对品牌充满信心，通过挖掘品牌的设计潜力，完成设计风格的转型。被动调整是在品牌的市场表现不尽如人意之际，不得不寻求改变设计风格，转变被动局面。无论是主动调整还是被动调整，设计风格的确立都应该以市场布局的调整为原则，兼顾新布局中拥有的市场特性，使设计风格做出合乎客观情况的应变。

第四节　品牌服装设计风格的调整

一、调整的依据

(一) 实际运营绩效与设计方案评估

无论是新品牌还是老品牌，早先确立的设计风格在经过一定时间的市场化运营之后，或多或少地存在着一定的啮合间隙。通过与竞争品牌在设计风格上的对比，从品牌内部寻找产生这种间隙的原因，认真细致地评估实际运营绩效，客观慎密地回顾设计方案，积极消除这种存在于现实的啮合间隙，使设计风格更好地适应品牌定位，成为主动调整设计风格的重要依据。近年来，昔日的行业翘楚黯然退出市场，早先的品牌新秀跃居行业前列，市场上出现了品牌排位剧烈动荡的情况，其中，设计风格是否能紧跟市场步伐进行调整是重要因素。

(二) 流行趋势与产品实际表现分析

服装流行趋势包含了对当今及未来一段时间内品牌设计风格的综合研判，对服装市场的走势起着宏观上的引导作用，是品牌设计风格调整的重要依据之一。由于品牌的竞争对手可能会研究下一流行季的服装趋势变化并决定其设计风格是否做出相应调整，因此，品牌设计风格的调整不宜一味地紧盯竞争品牌，还要时刻关注更高层面的指向未来的流行趋势变化。根据权威机构预测的服装流行趋势报告，对照本品牌的实际产品在市场上的表现，进行客观理智的分析，找出形成差异的原因，在保证品牌定位于一定时间段内相对稳定的前提下，对品牌自身的设计风格做出一定程度的前瞻性调整。

(三) 设计风格与社会动向综合考量

人类社会总是在不断地向前发展，任何一个国家或地区，其民众意识、价值认知、文化观念、经济发展、家庭婚恋等社会动向往往是不以人的意志为转移的。服装不是一个能够脱离社会发展变化的孤立事物，在一定程度上，其设计风格是社会现状的反映，也是对社会未来时尚的探索，国潮风、跨界化、个性化、数字化、疗愈化、亲情化、多元化、中性化、绿色化、可穿戴、可回收、可持续是主要的时尚大趋势。作为品牌服装，其设计风格也需要做出适当的调整，更好地适应社会发展动向和时尚大趋势的变化，其不同点是各个品牌对时尚大趋势采纳的程度和应用在产品中的比重。

二、调整的方法

(一) 对标两类品牌法

在品牌发展的道路上，主要存在着竞争品牌和目标品牌两类品牌。竞争品牌是本品牌极欲摆脱的、处于同一层面的品牌，目标品牌是本品牌学习追赶的、处于高一层面的品牌。前者是设计风格调整的现实依据，后者是设计风格调整的宏观方向。尽管品牌发展的当务之急是扎实基础,坐稳地盘,但从长远来看,品牌发展的宏观战略是扩大江山、引领市场。因此,在调整设计风格时,首先要关注竞争品牌,其次要对标目标品牌,同时根据本品牌的发展阶段、综合能力、资源配置和具体问题,分阶段、分目标、分任务、分步骤地细化符合品牌实际情况的设计风格调整策略,高效、平稳、安全地达到设计风格调整目的。

(二) 内部运营评估法

品牌设计风格是否需要调整,最大动因还是基于品牌定位的实际运营情况。内部运营评估是设计风格调整的基础,具体来说,首先是评估现实运营情况。在新的品牌定位方案运营了一段时间以后,可以对照预期指标,尤其是在各项经济核算方面,逐一进行客观评估并寻找未达标原因;其次是提出调整方向。根据上述评估结果,结合设计风格的内外部表现和品牌的中远期建设目标,梳理出切实可行的设计风格调整方向;再次是落实资源。通过对人员、资金、信息、技术等现有资源的盘点、删减和增补,将资源调整到相对最佳的状态;最后是完成调整任务。按照设计风格调整依据,再一次执行设计风格确立和产品开发流程,修正和完成设计风格调整任务。

(三) 社会运势研判法

社会运势本质上是一种比服装流行趋势更为宏观的社会流行趋势。由于服装品牌建设工作具有非常鲜明的社会性特征,其发展轨迹离不开对社会运势的系统研判。社会运势研判点主要包括世界经济文化格局、国内经济未来走势、国家产业政策导向、民众生活期望指数、当前时尚市场热点、市场投资运行环境等。在具体操作时,不仅要根据社会运势进行价值判断,还要结合服装流行趋势、品牌再定位目标,更要列出带有设计风格倾向、符合品牌自身需求的"微趋势",才能个案性地指导实践,将设计风格的调整工作落到实处。

第三章

品牌服装的系列产品

　　产品的系列化是品牌服装的第二构成要素。 品牌服装时刻注意保持产品的系列化，整齐有序的系列化产品是塑造和维护品牌形象的主要手段，这是品牌服装与非品牌服装的主要区别之一。 冠以某种称谓的系列化产品往往便于市场推广，也使得产品开发具有更为清晰的连续性，在设计风格一定的前提下，产品策划以系列化方式进行。

第一节　系列产品概述

一、系列产品的概念界定

(一) 系列产品的定义

系列产品是指以某种名义组成的具有相互关联性的成组产品。系列产品是在产品的种类、数量、主题、功能、造型、色彩、图案、装饰、材料、结构、工艺、尺码、搭配等方面,选择一个或多个要素作为共同要素,按照不同方式进行组合的结果。同时,在进行系列产品设计时,还要考虑产品的销售季节、使用季节、销售方式、生产能力等产品本身以外的因素。

系列是相对于单品而言的,设计要素有关联性的单品才能组成系列。设计要素的关联性越高,产品的系列感越明显。系列产品是一条产品线的概念,即把共同要素组合成在搭配上具有关联性的一组产品。从理论上说,两个或两个以上独立的单件产品可组成一个着装单位(套),两个或两个以上独立的着装单位(套)可组成一个系列。如果搭配发生在一个系列内,因其产品种类相对比较有限而可称为简单系列。在实践中,一个系列往往是大于两个以上独立着装单位的组合,多个独立的并能形成上下装关系或里外装关系的单件产品也可以成为一个系列,每个系列一般由 5 个到 20 个不等的单品组成。

从较大范围来看,系列产品是一个产品群的概念,即系列的关联性不仅表现为一个系列内部产品之间的关联,还表现在一个系列与另外一个系列之间产品的关联。从理论上说,两个或两个以上独立系列的产品组合起来,因其产品种类相对比较庞大而可称为复杂系列。相对来说,复杂系列之间的产品关联性比较模糊,要实现每个系列的单品都能搭配比较困难,因此,其搭配往往带有一定的偶然性。

产品系统则是指包括了全部系列产品的产品组合,即至少是一个品牌在一个销售季节里的全部产品。产品能否组成一个完整的系统,对可否形成完整的品牌形象以及销售业绩的整体带动有很大关系。

(二) 系列产品的特征

1. 设计主题的系列化

系列产品往往以某个设计主题推出。如果某个系列的名称是以设计主题的名义推出的,这一名称一般要求在一定时间内保持稳定,尽量做到不变或少变。比如,看到一个系列的设计主题被命名为"蓝色狂想",人们可以一定程度地联想到该系列的设计风格取向,但未必能准确判断其中究竟包括哪些产品类别,只有当这一主题名义下的产品类别保持基本不变,连续多年出现同类产品,才能使"蓝色狂想"以代名词的姿态,代表该品牌此系列的产品类别(图 3-1)。

2. 产品类别的系列化

系列通常以某个产品类别或某种服装风格推出。以产品类别推出的系列产品比较直观易懂,经过一段时间的坚持,消费者很容易认知该系列包括哪些类别的产品。这里的产品类别既可以指产品品种,比如大衣系列、衬衣系列等,也可以指顾客定位,比如少女装系列、淑女装系列等。以服装风格推出的系列,可以是统一于某种特定风格的多种品类服装混合。由于一个系列

图3-1　House of Sunny 推出的2022春夏男装系列以"On the Road Again"为主题,该系列设计风格以街头复古为主

需要有一个相对稳定的认知期才能便于消费者认知,因此,系列化产品往往与以前产品或未来产品形成不同程度的连续性。比如,一个女装品牌可以每年都推出晚装系列,所不同的是每年的晚装在款式设计上必须有变化(图3-2)。

图3-2　Armani 每年推出的晚装系列款式设计不同

3. 设计元素的系列化

系列产品一般以设计元素为统一系列的手段。就不同产品而言,使用的共同设计元素越多,特别是面料、色彩等显性设计元素的大量使用,产品的系列感就越强。因此,系列产品的设

计往往首先从采集、提炼并确定一个系列所使用的设计元素开始,将这些设计元素逐一分配到每个款式,而不是一开始就进行单款设计。当然,在讲求设计风格多样化的前提下,产品的系列感并非越强越好,过于统一的系列感不仅容易使产品出现雷同、呆板的感觉,缩小了款式变化所能涵盖的范围;而且,外观上大同小异的产品也不利于消费者做出购买选择(图 3-3)。

图 3-3　Rejina Pyo 推出的粉色系列设计,设计元素不多,系列感很明显

4. 产品规格的系列化

规格系列化是系列服装产品的另一个特征。产品规格的系列化有两层含义:一是形成不同尺码的产品规格体系,有利于不同体型的消费者能够找到适合自己体型的服装;二是形成科学合理的产品规格配比,尽可能减少产品的断码断色现象。产品规格并不是越细越好,而是应该建立在满足品牌定位对目标顾客设定的基础上,以最大限度地减少因规格失误而出现大量断码货品为目标,划分恰当的产品规格。近年来,一些矢志品牌建设的服装企业纷纷建立人体数据库,其目的就是使自己的系列产品在规格上尽可能做到科学合理。

5. 产品价格的系列化

系列产品的定价将会兼顾价格系列化的需要。由于很多消费者都十分在意产品价格,习惯于在购买前进行同类商品之间的比价,因此,企业应当慎重考虑如何建立既合乎品牌定位又保证产品利润的价格体系。品牌服装讲究营销战略的整体性获胜,不在于一款一品的获利,其产品定价并不完全按照通常的成本定价法,而是适当考虑产品价格的系列化,对一个根据成本定价法得到的产品价格进行适当的提升或降低,使每个系列之间形成合理的价格梯度和价格带。反之,采用首先确定价格体系,进而逆向指导产品开发,也是品牌服装企业常见的产品设计流程。

(三) 系列产品的形态

品牌的产品设计风格一旦确定,产品计划也明细化以后,就要进入实实在在的产品设计阶段,此时将遇到一个产品形态的问题。产品形态也称产品结构,是指品牌在产品系列化设计思路的指导下,产品所呈现出来的结构性面貌。一个品牌采用何种产品形态,将根据品牌定位、经济实力和经营现状而定。参照设计专业话语体系,可以将系列产品分为点、线、面、体四种产品形态(图 3-4)。

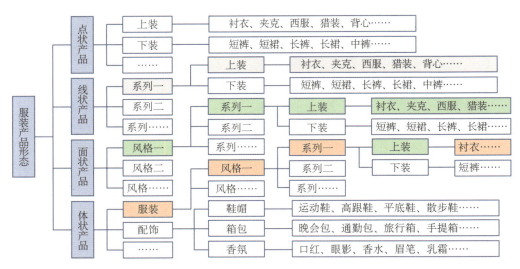

图 3-4　服装系列产品的四种形态

1. 点状产品

点状产品是着眼于单品形态的产品。单品是指相互之间没有特定联系的、比较独立的单款产品，从设计形态来看，可理解为点状产品。与点状产品设计对应的是单品设计，其特点是单独地看待每一个款式。此类产品比较孤立，系列感和计划性均不明显，如果没有完整的设计管理系统，点状产品不适合真正的品牌服装。然而，单品有系列产品不具备的功效，比如设计自由、搭配灵活、上货快捷、促销方便等，因此，在以系列化产品为主的品牌服装中，单品服装依然有一席之地。

点状产品主要针对的是促销产品或应景产品，以驳样取代设计的现象也近似于单品设计。比如，为了吸引顾客而推出的"零利润"促销产品、借助节日气氛而推出的新春生肖产品等(图 3-5)。由于大型百货公司一般不太接受这类缺乏系统性的产品进入其卖场，因此，以单品主打市场的服装产品比较适合在服装批发市场或独立门店销售。

图 3-5　Gucci 和 Louis Vuitton 为 2023 农历兔年推出的应景单品

2. 线状产品

线状产品是指连接在一条以相同的设计风格为纽带的产品线上,具有系列感强、配套性好的产品状态,也是最典型的系列产品。线状产品一般以某个设计主题或某个产品类型为系列主线,通过设计元素的整合,将属于点状产品的单品服装有机地牵连在风格主线上。线状产品设计的特点是强调相同设计元素在产品与产品之间的合理使用,以及在系列与系列之间的相互关联。线状产品的设计风格趋于统一,产品之间易于搭配。因此,线状产品是大多数服装品牌最常遵循的产品形态(图3-6)。

在实践中,线状产品可分为主线产品和副线产品,两者在一个品牌内的分工不同,形成各担其责的配合关系。当副线产品足够强大时,往往会从原有品牌中独立出来,成为一个新品牌。

图3-6　XZC品牌的线状产品系列,尽管产品众多,但设计风格基本一致

3. 面状产品

面状产品是指多个线状产品(产品系列)并置后形成的产品的面状集合。对于一个大型服装品牌来说,其产品往往需要多个系列同时出现,才能撑起一个大品牌必须具备的足够的产品群。此时,每个系列的产品品类可以大致相同,但设计风格上将保持一定的差异,其设计元素,尤其是面料元素、色彩元素、造型元素将有较大的区别,求得品牌的风格多样化、款式丰富化、档次差异化(图3-7)。

产品面的宽度与系列数量和系列长度有关,服装品牌形象往往与其产品面的宽度密切相关,会出现所谓单品类品牌和多品类品牌之分,这些品牌之间的 SKU(Stock Keeping Unit,库存量单位)差异可以高达上百倍之多。

4. 体状产品

体状产品是指包含了与面状产品形成系统化配套的配饰产品,也可泛指多个面状产品的集合。对于一个完整的服装品牌来说,其产品需要得到与之般配的服饰品的配合,才能最大程度地表现出既定的设计风格。

作为品牌形象不可分割的一部分,服装配饰应该是品牌企划者考虑的因素之一(图3-8),一

图 3-7　Versace 品牌 FW23 的四个主要产品系列分别呈现性感、优雅、休闲、经典等设计风格，其各自背后丰富的产品线，构成了风格多样、款式丰富、档次各异的面状产品

些国际大品牌的服装配饰占其销售额相当大的比例。虽然新品牌的配饰品由于品牌知名度低等原因不一定能成为畅销产品，但是，在服装风格和产品档次类似的前提下，有服装配饰的品牌比没有服装配饰的品牌在形象上要完整得多，服装的定价可以借此适度提升。

图 3-8　Salvatore Ferragamo 品牌呈现的体状产品

产品与产品之间的相互搭配,产品与配饰之间的相得益彰,可以通过排列组合派生出别有风格的穿着效果,可以带动其他产品的销售。一般来说,体状产品中的配饰可以由本企业完成设计,也可以委托专门从事服装配饰的企业完成,而这些配饰的加工制造则通常由专业工厂完成,最常见的操作模式是贴牌生产。因为绝大部分服装公司不会也不必同时拥有鞋厂、帽厂或工艺品厂。

(四) 产品与作品的差别

产品与作品具有非常明显的差别,了解两者之间的差别可以更好地做好这两类服装各自的设计工作。作为一名服装设计新人,应该自觉区分这两类服装,尤其是即将从事品牌服装设计工作的设计师,要尽快摆脱"作品"的影响,设计出真正的好"产品"。

服装品牌的大量诞生,使刚出校门的服装设计专业毕业生能够很幸运地加入品牌服装设计的队伍。但是,由于目前的设计教学尚未脱离作品式教学模式,使得学生对产品和作品的认识不够深刻。以课程作业为例,学生们完成的往往是一堆设计作品、比赛作品、练习作品、毕业作品等,光听这些名称就可以知道"作品"在服装教学中的地位。这种教学结果很容易使毕业生将作品与产品混同,把产品设计当作品设计来搞,在产品中留有很明显的作品痕迹,将有悖于服装市场实际情况。

从设计目的、接受对象、表现形式、投产数量、生产方式、内容、成本、规格等几个方面比较,就可以看出产品与作品的差别(表 3-1)。

表 3-1　产品与作品比较表

	产　品	作　品
设计目的	市场销售、日常使用、美化生活	设计比赛、文艺表演、教学检查
接受对象	消费者、客户	教师、评委
表现形式	实在的、简单的、清晰的	完美的、意象的、夸张的
投产数量	批量	单件
生产方式	工业化批量生产方式	手工化单件制作方式
内容	以市场需求为导向的实用服装	以设计师爱好为主的创意服装
成本	讲究成本核算,单件成本较低	相对不计成本,单件成本较高
规格	规格齐全,普通身材	无视规格,模特身材

二、 系列产品的要求

(一) 兼顾风格的多样性

从理论上说,一个系列中可以有无数具有相同风格的不同款式。一个品牌一般不会在一个店铺只陈列一种风格的系列产品,而是要让整个产品群适当地兼顾设计风格上的丰富性,避免消费者产生单调乏味的观感。在实践中,常见的做法是通过系列数量的增加达到店铺陈列效果的丰富。但是,由于受到店铺面积、生产成本和库存压力等制约,这一做法的前提是增加系列数量的同时不能出现设计风格混乱、生产管理失控、库存产品失衡的后果。因此,一个系列内的款式数量不宜过于庞大,其具体数量要根据品牌定位、店铺面积、设计风格、品类属性、配色、尺码规格、陈列方式等因素综合决定。以线下店铺为例,每个店铺的系列数量可以按 SKU 和货架长度推算,组合结果多样,不能一概而论。线上店铺相对灵活,不受此限(图 3-9)。

图 3-9　Karl Lagerfeld 品牌 2023 早秋系列产品风格比较多样

(二) 产品品类的齐全性

在店铺面积一定的情况下,系列数量多,将意味着每个系列里的款式数量少。如果这种情况达到一定程度,特别是每个系列分别代表了不同设计风格的情况下,就会出现系列过多而产品过杂的混乱感觉,而且会减少消费者在同一风格中挑选不同款式的机会。因此,在某个销售季节,一个服装品牌一般不宜追求系列数量的增加,而是宁可减少系列数量,也要在一个系列中尽量做全产品。比如,在女装品牌的一个冬季产品系列里,既要有厚薄不等的大衣、外套等御寒衣物,也要有长短各异的衬衣、裙子等。在条件许可的情况下,还应该有内衣、围巾、袜子、鞋帽等搭配产品。只有这样,才能体现出款式的丰富性,让顾客获得更多的挑选余地,达到由主打产品带动配套产品销售的目的(图 3-10)。

图 3-10　Molly Goddard 品牌 2023 秋冬系列款式丰富

(三) 产品搭配的方便性

以系列化方式开发产品的优点之一是可以在一个系列里加入非常多样的产品。这一优点不仅可以使产品在店铺陈列中表现出观感上的气势，也可以表现出企业在产品设计上的实力。按照消费习惯，有些顾客往往喜欢在一个店铺内买下一件衣服后，同时配齐一个着装单位甚至一个季节所需要的全部产品。这就是所谓带动性消费，一个系列里可供挑选的品种越多，意味着产品搭配越方便。然而，无论是一个系列还是不同系列的产品，其搭配性是有高低的，高搭配性产品具有与更多其他产品搭配的可能。如果一个系列里的款式非常接近，将会降低搭配的可能，而且还可能导致顾客因产品难以轻松搭配而产生放弃购买的念头。因此，在专注于一件产品设计的同时，要考虑它与其他产品搭配的可能性（图 3-11）。

图 3-11　Maison Margiela 品牌 2023 秋冬系列服装以格纹和牛仔为主要设计元素，可搭配性高

(四) 成熟产品的延续性

销售业绩表现突出的产品称为成熟产品，俗称"爆款"。在整个产品系统内，每个系列或一个系列内的不同产品将会在一个销售季节中出现业绩高低不等的表现。这种表现未必按照企业事先的设想发生，而是由产品在市场上的实际销售情况所决定。如果产品的实际销售表现与事先设想的目标越接近，则表明企业在设计上的判断力和掌控力越强。由于成熟产品的销售量大，将会逐渐形成被市场认可的设计风格。为了避免新产品开发的风险和强化品牌的设计风格，继续发挥成熟产品的余热，扩大凝聚在这些产品中设计元素的影响，在新的系列产品开发中保留成熟产品的某些特征，争取获得产品的"长尾效应"，是系列产品设计的现实要求（图 3-12）。

图 3-12　Levi's 推出的全新联名系列将经典 501 裤型演绎成侧面开衩剪裁、喇叭裤、膝下直筒短裤等多种样貌，并加入破坏和不收边等随性细节

三、 系列产品的分类

(一) 按销售频度分类

销售频度是指产品上架销售的时间长短或实销频率。按照销售时间长短，产品可以分为长销产品与短销产品。频繁上架的产品称为长销产品，反之则称为短销产品。

产品上架时间可分为跨季上架和当季上架。跨季上架是指产品可以在连续几个销售季节里持续上架销售，比如某产品分别在春夏、秋冬两个销售季节里上架销售。如果产品能连续跨越两个以上销售季节，即意味着跨年度销售，比如某类产品连续多年在相同销售季上架销售；当季上架是指产品仅在一个销售季里上架销售(图 3-13)。

图 3-13　UNIQLO 连续多年在秋冬季上架摇粒绒服装产品

(二) 按系列长短分类

系列长短是指在一个系列里产品品种的多少。按照产品的款式数量,产品系列可以分为长线系列和短线系列。长线系列表示款式数量多,反之则称为款式数量少的短线系列。

系列长短体现了一个系列在产品款式上的丰富性,与产品的上架时间长短没有直接关系。长线系列内的产品款式多样,搭配性良好,产品形象整齐饱满。短线系列具有生产安排上的灵活性,相对长线系列而言,由于短线系列的款式数量少,在每一产品生产总量相同的情况下,完成整个系列产品生产的周期较短,便于快速上架销售(图 3-14)。

图 3-14　Sky High Farm Workwear 品牌与 Alastair McKimm 合作推出了 2023AW 胶囊系列,该系列款式少,是典型的短线系列

(三) 按销售作用分类

销售作用是指产品在销售中发挥的结构性预期作用。按照产品在销售中担当的作用,产品可分为主打产品和配合产品。主打产品是被期望用来打开市场的主力产品,配合产品是对主打产品的补充和配套。

主打产品与配合产品的区别主要体现在产品的品类专长、款式数量、流行指数、颜色数量、尺码规格、上架时段、销售区域等方面,在店铺陈列中会占据不同的位置和面积。这些方面可根据品牌定位的不同而设置不同的比例,产品也因此而在各个品牌中分属不同的类型。比如,一件在 A 品牌里面充当主打产品的服装,在 B 品牌里面可能就是配合产品(图 3-15)。

(四) 按流行指数分类

流行指数是指产品呈现出来的流行特征的强弱程度。按照流行指数的强弱,产品可分为流行系列和经典系列。流行系列具有鲜明的时效性,代表着品牌的时尚度;经典系列保留了品牌中的常规款式,反映了品牌设计风格的基本面貌。

流行产品在店铺陈列中承担着展示品牌对时尚理解的任务,以新潮的设计吸引顾客注意力,款式比较流行、时尚;经典产品在店铺陈列中体现了品牌设计风格的基调,以传承品牌特有的设计元素为己任,款式比较保守、稳重。在一个服装品牌中,只要调整流行设计元素与经典设计元素所占的比例,就将出现不同的设计风格特征(图 3-16)。

图 3-15　COMME DES GARÇONS SHIRT 品牌以衬衫作为主打产品

图 3-16　Comme des Garçons Girl 品牌推出的 2023AW 系列保留了经典学院风款式和色彩设计，还加入了流行色元素

系列产品分类见图 3-17。

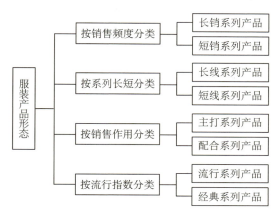

图 3-17　系列产品分类

第二节　策划理论概述

一、策划的概念界定

(一) 策划的定义

　　策划又称企划,是指人们为了实现某种特定的目标,在一定的科学方法指导下,兼顾战略与战术的需要,集构思、设计、决策、表达为一体的提前制定方案的行为。策划工作一般分为预定目标的思考、实施计划的编制和策划方案的制作三个过程,其工作结果主要是策划方案或策划报告。

　　预定目标的思考是指通过讨论、假设等形式,根据事先设定的目标,在方法论的指导下,对未来结果进行预先思考的过程;实施计划的编制是指通过分配、安排等形式,对事先设定的目标进行基于时间段的工作任务分解,编制具体行动计划的过程;策划方案的制作是指通过撰写、设计等形式,将预定目标的思考结果用恰当的形式表达出来,方便人们理解和执行的过程。

　　现代意义的"策划"可以理解为在特定目标的引导下,借助一定的科学手段和信息素材,进行搜集、整理、判断、评价、选择、设计、创新、编排、计划、表达等合乎实际的、推演未来结果的逻辑思维和虚拟表达的过程,为未来结果的实现提供具有可操作性的创意、思路、方法与对策。

(二) 策划的特征

1. 智慧性

　　策划需要高度的智慧。策划是一种智慧创造行为,要求策划人员在特定目标的指导下,把现实条件的状态和未来结果的预期进行高度统一,在本质上是一种必须高效运用脑力的理性行为,其发现问题、解决问题的思考角度和实施程序需要高度的智慧。

2. 计划性

　　策划需要周密的安排。策划通过对资源和流程的精心安排,组织有效的战略和战术,对事物的发生、发展进行系统性预判,强调各个操作环节的合理衔接,以较高的计划成效换取较低的运作成本,提高基于预定目标的操作过程的效率,体现出很强的计划性。

3. 转化性

策划需要转化为客观现实。策划是一种从无到有地创造未来结果的精神活动,其根本目的是把人们的思想转化成可度量的客观现实,不能转化为客观现实的策划行为是毫无现实意义的废举。因此,在正常情况下,策划结果(即策划方案或策划报告)必须进入实施环节,转化为预期目标。

4. 目标性

策划具有明确的目的性。任何策划方案都有一定的目的,否则策划就失去了存在的意义。策划目的的明确性体现了策划任务的迫切性,策划目的的聚焦度体现了策划水平的高低。策划的目标应该从用户和市场需求入手,逐步认识、掌握及运用品牌服装设计的规律,提出实际存在的各种问题。

5. 创意性

策划具有一定的创意成分。策划的灵魂就是创意,具有创意的策划,才是具备了一个真正的策划所需要的基本要素。对未来结果的正确预想不仅需要大量的科学知识和实践经验,还需要出色的创意思维。只有加入别出心裁的创意成分,才能使策划结果更具震撼力和价值感。

6. 前瞻性

策划具有相当的前瞻性。策划工作在未来结果出现之前就已开展,保持相当程度的前瞻性是策划工作必须具备的职能。品牌服装设计策划的前瞻性体现在对下一个销售年度的流行状况的把握,必须对此提前作出自己的预判,其提前量根据品牌在行业中的地位和产品属性的不同而有所差异。

7. 风险性

策划具有一定的风险性。策划既然是一种预测或者筹划,就不可避免地带有某种程度的不确定性,这种不确定性即为风险。几乎任何策划都不可能与操作结果百分之百地吻合,对于那些事前设定的目标,要么超过,要么不足。因此,对策划在事物发展中的作用应该有一个客观的风险意识。

8. 科学性

策划具有一定的科学性。策划的科学性强调了策划必须建立在人们充分调查研究的基础上,遵循和采用科学的方法,对未来即将发生的事情进行系统、周密、科学的总结、预测和筹划,并制定科学的可行性解决方案,同时在发展中不断地调整方案以适应环境的变化。

二、 策划的分类

(一) 按功能分类

根据策划的主要功能,策划活动可分为管理策划、经营策划、销售策划、公关策划、传播策划、生产策划等。

(二) 按内容分类

根据策划的具体内容,策划活动可分为文案策划、形象策划、产品策划、节目策划、规章策划、程序策划等。

(三) 按产品分类

根据策划的产品领域,策划活动可分为服装策划、游戏策划、汽车策划、烟酒策划、饮品策划、邮品策划等。

(四) 按表现分类

根据策划的表现形式，策划活动可分为实体策划、虚拟策划、平面策划、立体策划、多维策划、图像策划等。

(五) 按角度分类

根据策划切入的角度，策划活动可分为整体策划、局部策划、宏观策划、微观策划、内容策划、形式策划等。

(六) 按行业分类

根据策划面对的行业，策划活动可分为餐饮业策划、房地产策划、旅游业策划、电影业策划、广告业策划、保险业策划等。

(七) 按性质分类

根据策划的内在性质，策划活动可分为原创策划、模仿策划、派生策划、延伸策划、创新策划、混合策划等。

(八) 按方式分类

根据策划的工作方式，策划活动可分为独立策划、合作策划、委托策划、自主策划、团队策划、个人策划等。

三、 策划的原则

(一) 时间上的超前性

时间上的超前是为了保证策划从设想到实现所必需配备的转化时间。对于不同的服装企业来说，由于品牌的原有基础、技术力量、运作模式、生存环境和发展现状等因素的不同，其转化时间长短也是不一致的，因此，每个品牌对策划时间上的超前量会提出长短不等的要求。一般来说，传统服装品牌在产品策划上需要的提前量较长，以产品上架时间为限倒推，通常要提前半年甚至一年左右。以 ZARA、H&M 等品牌为代表的"快时尚"品牌(包括一些走快时尚路线的线上品牌)，由于采用了"新产品滚动开发模式"或"流行信息资源整合模式"，其核心是近乎同步地"边设计、边生产、边销售"，因此所需转化时间较短，一般仅为 3 个月甚至更短。

(二) 目标上的可行性

目标上的可行是为了确保策划方案在实际操作中能得到预期结果。可行性包括成本、时间、人员、资源、渠道、地域等多方面因素，对于策划方案本身而言，只要不出现严重的逻辑错误，任何一个经得起理论验证的方案在实践中同样具有可行性，其区别无非是操作过程的简单或复杂。但是，由于品牌原来的规模、渠道、团队、资金等条件各不相同，一个在 A 品牌高效可行的策划方案未必能在 B 品牌顺利落实；反之，在 B 品牌大获成功的策划方案可能在 A 品牌处处碰壁。因此，所谓可行性是相对的，要根据每个品牌的具体情况具体考核。

(三) 环节上的流畅性

环节上的流畅是为了使策划方案始终在高效通畅的操作过程中运行。对于产品设计本身而言，由于品牌诉求、产品属性或设计数量的不同，从设计概念的提出到实物样品的完成，其转化环节不尽相同，需要的时间也不一样，比如皮装品牌和羽绒服品牌就存在很大不同。如果再从样品到实现销售，再加上公司规模等因素，其操作环节的性质、数量或形式将会出现更大差异。策划方案的转化效果受到操作环节流畅性的很大影响。一般来说，环节越多，损耗也越多，操作的流畅性自然也会受到一定的影响。因此，系统优化整个操作环节是保证策划方案高效通畅的重要条件。

(四) 成本上的合理性

成本上的合理是为了保证策划方案在合理的成本区间内获得完美的内在品质。策划方案的内在品质是指整体与部分之间、部分与部分之间在逻辑上形成的关联性、可行性和流畅性。一个十分完整的策划方案建立在反复调研、琢磨、比对、推敲、验证基础上，无疑有助于其内在品质的提升。策划方案人人会做，打个比方，根据一个经营目标，十个策划团队可以做出十种策划方案，但只有一个方案最接近实际运作结果，其余的都将渐行渐远，其中的关键因素是策划方案内在品质的高低。在此，成本合理性的另一层意思是为了执行策划方案而配套的资金的合理化，这部分资金比策划活动本身投入的资金大得多，必须引起策划者的足够重视。

第三节　品牌服装系列策划

一、 品牌服装系列策划的原则

(一) 以企业实力为依据的原则

企业实力是指企业运作品牌的各方面因素的综合表现，包括资金实力、生产实力、技术实力、设计实力、营销实力、管理实力等。一个品牌内拥有多少个产品系列，应该根据企业的整体实力来制定。企业的资金规模、生产规模、市场规模和人才优势等客观条件，都是推出系列的依据。盲目扩大系列数量不仅会增加品牌操作的难度和成本，企业也会因为实力不济而承担巨大风险。

(二) 以品牌战略为目标的原则

品牌战略目标是指品牌发展阶段内的总任务和重大成果期望值。即便是一个其战略目标对于大品牌来说是微不足道的小品牌，出于对品牌经营特性的尊重，其品牌产品策划也必须以品牌战略为目标，使系列、品种、款式在数量和风格上与品牌战略目标的解读始终保持强关联性，因为"长城再伟大，也是由一块块砖石垒起来的"。

(三) 以市场需求为导向的原则

市场需求是指顾客对拥有某种商品或服务表示出来的意愿。企业的实质是营利性经济组织，为此，企业的产品开发行为必须以市场需求为标杆，在产品被市场最大化接受的同时，追求盈利的最大化。企业盈利的主要载体是产品，产品对路才是企业实现盈利目标的根本条件，而产品对路就是指产品开发与市场需求的一致性。因此，服装系列的策划必须以市场需求为导向，关注当前社会生活形态的变化，以推出合适的系列产品。

(四) 以特色产品为抓手的原则

产品特色是指本产品与其他产品在不同层面上表现出来的独特性。品牌在市场上的竞争根基在于产品的差异化和特色化。每个企业都应该拥有自己的特色系列及其相应产品，一个品牌代表了一种风格，一个系列对应的是一类产品，系列内的产品内容可以灵活指定。产品的类别不同，系列产品应该拥有的品种数量亦有所不同。在尚未形成一定市场规模的情况下，与其扩大系列数量，不如丰富系列产品，有利于形成品牌特色。

(五) 以销售渠道为通路的原则

销售渠道是指企业与消费者完成商品交换的平台。随着互联网深入人们的日常生活，销售渠道变得越来越多样化,不少新兴品牌(包括一些传统品牌)都选择了网上开店,线上销售成为服装销售的重要平台(图3-18)。由于线上销售的体验感不同于线下店铺,在产品策划时应该考虑到产品的款式、细节、规格、配比、备货、包装、周转、推广、服务等方面的差异,针对其中一些内容作出必要的调整。

图3-18　环保品牌ZUCZUG的网站店铺、微信小程序店铺和天猫店铺

二、　品牌服装系列策划的方法

(一) 销售频度策划法

销售频度策划法是指根据产品在市场上的预期销售时间的长短及频率而策划系列产品具体内容的方法。根据销售频度,产品系列主要分为长销产品和短销产品。

长销系列是指企业为了谋求某个系列能够长时间投放市场而开发的产品系列,具有市场表现相对稳定、产品风格比较成熟的特点,是品牌的主要产品线,如内衣中的保暖系列、男装中的休闲系列等。品牌的产品形象往往依靠长销产品支撑,其在市场上的稳定表现显得极为重要。因此,每个品牌都应该拥有具有品牌风格特征的长销系列,这是系列策划的重中之重。

短销系列是指企业为了抓住短暂的或应时的商机而开发的产品系列,具有主题明确、标志性强的特点。不断地推出短销系列可以表现出品牌的市场灵敏度,如奥运会系列、父亲节系列等(图3-19)。短销系列同时可以具备试探性特点,通过产品对一个未知的产品领域或目标市场进行探测,当某个短销系列被超乎想象地接受之后,可以总结经验,继续扩大市场,转变为长销系列。

(二) 系列长度策划法

系列长度策划法是指根据每个系列里款式数量的多少而决定系列配置和产品数量的策划方法,即款式数量的多少决定了系列的长短。根据系列长短,产品系列可以分为长线系列和短线系列。

图 3-19　在父亲节来临之际，Louis Vuitton 推出了 2023 父亲节特别 Campaign

　　长线系列通常因为同一个系列名下的款式数量足够多，将占据较大的店铺出样面积，容易引起消费者的关注，在销售业绩上被寄予厚望，是品牌主打市场的系列。在策划长线系列时，不仅要注意款式上的多样性，还应该注意搭配上的丰富性，包括系列内搭配和系列外搭配，否则，长线系列将大而无当，成为呆滞死板的系列（图 3-20）。

　　短线系列应该积极配合长线系列，充分运用流行信息，保持流行上的高感度。正是由于短线系列并未被委以销售业绩的重任，因而在产品总量中的比重相对较小，在设计上的自由度相对较高，可以略为"出格"地大胆设计，成为探索品牌设计风格的前卫产品。

图 3-20　户外机能服饰品牌 meanswhile 推出 2024 春夏系列多种机能风格服饰，包含防风外套、印花衬衫、宽版短裤、战术背心、无袖上衣、大衣外套、各种长裤和背包

(三) 产品大类策划法

产品大类策划法是指根据企业的经营特色和生产专长，从产品大类的角度进行系列分类的策划方法。根据产品大类，产品系列可以分为单品系列和多品系列。

单品系列是指企业专门开发某个品类的产品系列，具有产品属性明确、专业性强、质量稳定的特点。一个单品系列往往可以发展成一个专门服装品牌，如羽绒服品牌、西裤品牌等（图 3-21）。虽然品类相同或相近，但单一产品之间通常存在着明显的弱相关性。在实践中，由于单品之间的弱相关性，可能会导致此类系列内部的单品显得观感比较凌乱而不被认为具有系列感。

多品系列是指在一个系列名称内，产品品类比较齐全的系列，具有品种丰富、搭配方便的特点。此类系列的开发通常需要较强的产品设计和生产组织的协调能力，要求设计师具有全面的服装专业知识，才能把握不同产品种类的特点。同时，所在企业要有相应的生产和品控能力。

图 3-21　羽绒服品牌 Moncler Genius 推出的 2023/2024 秋冬新品

(四) 面料属性策划法

面料属性策划法是指以某一类面料为主而策划产品系列的方法。面料的特性决定了面料的外观、手感以及生产工艺，是产品开发必须重视的基本因素。根据面料属性，产品系列可分为针织系列、梭织系列和皮草系列，也可以按照上述面料属性进一步细分，如针织系列中的羊毛针织系列、纯棉针织系列等。

针织系列是指以针织面料为主开发的产品系列。在当前休闲服装的开发中，针织面料因其鲜明的舒适柔软特性而备受青睐，许多品牌增加了针织面料的比例，甚至发展成为独立的系列或针织服装品牌（图 3-22）。

梭织系列是指以梭织面料为主开发的产品系列。梭织面料因纱线的原料成分、纱支粗细以及面料后整理技术的不同而成品效果迥异，面料风格的变化范围极大，服装品类的应用范围很广，在设计上具有很强的表现力。

皮草系列是指以皮草面料为主开发的产品系列。可以分为裘皮系列和革皮系列、天然皮草系列和人造毛皮系列等。皮草服装的生产工艺特殊，产品品类的范围相对局限，设计策划时应

图 3-22　意大利的 Missoni 是典型的针织服装品牌

该尊重和利用这些特点。

(五) 品牌文化策划法

品牌文化策划法是指从突出和继承品牌文化的角度而策划产品系列的方法。根据品牌文化的不同,产品系列可分为历史系列、地域系列等。

历史系列是指以年代因素划分的系列,一般采用各个年代留存下来的经典设计元素。值得注意的是,历史系列服装并非简单的古装复制,而是要兼顾市场对时尚的要求,将历史上的经典元素时尚化。这种系列策划法一般适合具有悠久文化传统的服装品牌,尤其是传统型奢侈品服装品牌。

地域系列是指以地区和民族因素划分的系列,特指产品中融入了具有某些地域风格的系列,比如地中海系列、新海派系列、夏威夷系列等(图 3-23)。在以地域划分的系列中,一般以这些地域中的民族元素为特征。

图 3-23　WACKO MARIA 品牌推出的 2022 春夏夏威夷衬衫系列

(六) 设计风格策划法

设计风格策划法是指按照不同类型的服装设计风格而策划产品系列的方法。根据品牌既定的风格路线，产品系列可分为主流风格和支流风格两大类(参见第二章)。

主流风格是指当下服装市场上主要流行风格的集合，也称大众风格，其下可以有很多个细分风格。在实践中，通过广泛深入的市场调研，解读主流风格倾向，结合流行规律对其做出预见性判断，确定系列的风格归属，从突出品牌风格的角度进行产品系列的策划。

支流风格是指排除在主流风格以外的设计风格的集合，也称小众风格，其下也有很多个细分风格。支流风格因其相对的稀有性而显得比较突出，通常被崇尚前卫的小众品牌所采纳，但也会因为受众面较小而具有一定的市场风险(图3-24)。

图 3-24　小众设计师品牌 1XBLUE 推出的服装以再生面料为主，服装色彩和图案设计醒目

三、品牌服装系列策划的要点

(一) 兼顾季节性与节假日

服装是季节性很强的产品。虽然许多地区都是春夏秋冬四季分明，但是各个地区季节时段的比例不是平均的，同样是春夏季，某些地区春季长、夏季短，而有些地区则相反。因此，必须考虑产品在季节时段上的延续性和人们的消费习惯，不能按季节平均分配款式数量。以春夏季内衣为例，虽然大部分北方地区因春季相对较长而气温低于南方，长袖内衣的使用率比南方高，但是内衣消费者一般不会在春季购买长袖内衣，他们通常会沿用上一年秋冬季产品，因此，为北方地区内衣市场开发春季长袖产品显得意义不大，至少此类产品不会成为销售的主力产品。另外，虽然内衣外穿化是内衣发展的特点之一，但是，也因为北方春季气候的特点，其初春产品的比重一般不超过南方地区，开发的重点应该侧重于秋季产品。

节假日因客流集中和商家促销而成为购物旺季。目前,随着各种节假日越来越多,国内"假日经济"空前繁荣,成为最佳促销节点。在系列策划时应该适当考虑每个销售季节能够形成旺销的节假日因素,根据该节假日特点,策划有针对性的货品(图3-25)。

图3-25　陈列设计师正在针对圣诞节购物主题布置服装橱窗

(二) 注重单纯性与丰富性

　　系列的单纯性有两层意思:一是系列数量的稀少。系列数量稀少并不表明款式单一,只是意味着风格相对单一;二是产品类别的单一。其表现为产品品类不齐全,当然,在为数不多的品类里面,仍然可以开发众多款式的产品。比如,一个专营大衣的品牌可以在一个冬季开发成百上千款大衣,成为"大衣专家";而一个普通品牌每个冬季一般只有十余款大衣。此类策划的优点是产品风格比较统一,生产组织方便,产品成本较低,品牌诉求明显;缺点是容易显得风格单调,品类的可选择性小,难以实现"一站式采购"。

　　系列的丰富性是指一个品牌所包含的系列数量众多,品类宽泛。通常情况下,品类数量和款式总数会随着系列的丰富而增加,正确的做法应该是根据品牌背景的不同,在每个系列保有一定款式数量的前提下,才能开发新的系列。如果用多个系列表达一种风格,虽然也不失为系列策划的思路,但是,如果处理不当,会造成系列之间风格差异过小或过大。此外,产品类别的丰富固然是好事,可以做到"东方不亮西方亮",但是,这需要经营资金和卖场面积支持。因此,少系列多品种的策划方法更适合中小型服装企业(图3-26)。

(三) 对待长线性与短线性

　　系列的长与短是相对的,品牌地位或产品品类不同,其长线系列与短线系列的比例也不同,这是系列策划战术配合的需要。长线系列要求以多款式的形式,争取产品在一定时间内持续性投放市场,短线系列是长线系列的补充,带有应景性销售的特征。对于系列长短的设定,类似于对经典元素与流行元素之间比例关系的把握(图3-27)。

　　同样道理,长销系列与短销系列的关系和长线系列与短线系列的关系具有异曲同工之妙。

图 3-26　主营衬衫的 Turnbull ＆ Asser 品牌和多产品经营的 Hugo Boss 品牌

图 3-27　商务型外套是 Max Mara 品牌的长线产品,同时也有民族风连衣裙、极简风连衣裙或珠绣针织衫等突出时尚感的短线产品

以品牌的主打产品面貌出现的长销系列和以抓住短暂商机为目的的短销系列是相辅相成的关系,两者并不矛盾。虽然市场上存在着常销不衰的神奇款式,但是并不意味着今年的产品可以原封不动地明年再投产,此时,对那些神奇款式进行必要的修正仍然十分重要。这些修正包括款式、色彩、面料、图案等设计元素修正,甚至是规格、价格的修正,让消费者感到这是刚推出的

新产品,而不是往年的老产品。

> ■ **案例**
>
> BSD 品牌是国内有影响的专业羽绒服品牌。其中有一款企业一向引以为豪的产品曾连续 10 多年进入其产品畅销排行榜前 3 名,总产量已超过了 80 万件,成为名副其实的长销系列。每年,该产品的款式和面料几乎没有任何改变,仅做的修改只是色彩的变化,具体做法是:对该产品每年投产的约 15 种色彩认真推敲,根据上一个销售季节的不同表现,保留 8～10 种色彩不变。从最新发布的流行色中选择 3～5 种进行更换,调整这些色彩所占产品的比例,并按不同销售地区配货,即在一个专卖店内,该产品并非 15 种色彩一起上货,而是根据地区的特点和卖场的大小有选择地调配。

(四) 均衡跑量产品与形象产品

跑量产品是指能够形成大量销售的产品。从销售角度来看,由于它在全部产品中占据多数,占用的资金比例也高,要求以非常准确的眼光对此类产品的销售预期做出判断。一旦判断失误,将会造成十分严重的后果。此类产品的特点一般要强调流行度和适众性,适当削弱产品的个性化特征。由于产品开发定位和制造成本等原因,一般来说,其单价比形象产品低,适合理智型消费者。

形象产品是指能够凸显品牌形象的产品。消费者在开始购买过程前,往往首先是被陈列的形象产品所吸引而进入卖场,通过在价格和实用价值等方面的比较,最终放弃形象产品而购买跑量产品的可能性很大。因此,虽然形象产品的数量不大,销售总额不高,但是,它对产品销售的诱导作用功不可没,对品牌形象的提升也具有相当功效。形象产品的销售对象通常集中在冲动型消费者之间。

在一个品牌中,上述两种产品所占的比重根据品牌风格而定(图 3-28)。在前卫的、小众的品牌风格中,前者所占比重较小,后者比重较大;在经典的、大众的品牌风格中,前者所占比重较

图 3-28　MO & CO 品牌的形象产品与跑量产品

大,后者比重较小。此外,两者的区别还可以根据产品大类而定。例如,在内衣品牌中,两者区别的重点是面料,将牛奶纤维等新型面料作为"看点";在外衣品牌中,两者区别的重点是款式,将廓形或图案的变化作为"看点"。在系列策划时,尽管策划人员已经考虑了两者的配置比例,但是,其产品风格上却不必泾渭分明,不然会令人产生风格过于悬殊的感觉。因此,在同一个品牌中,两者的界限往往是模糊的。

(五) 区分独立性与搭配性

无论是单品还是套装,设计师往往根据自己对某一品牌风格的理解开始设计,完成对一个独立的、理想的着装状态的构想。其中,既有上下装的关系,也有内外衣的结合,尤其对于套装来说,企业当然希望消费者能够整套购买,但是成熟的消费者却有自己的想法,购买过程也是其再设计过程。在买方市场的今天,有些企业为了尽可能做大销售,会冒着增加库存的危险,将整套服装拆开销售。这也是目前服装市场上单件产品多于成套产品的重要原因。

好卖的产品既能单独销售,又能任意搭配,给消费者留下再设计的空间。例如:A 系列的上装为 A1、A2、A3……,下装为 A1'、A2'、A3'……,原则上,A1 与 A1'、A2 与 A2'、A3 与 A3'是最为配套的,如果设计师能够考虑到 A1 与 A2'、A1 与 A3'、A2 与 A1'、A2 与 A3'、A3 与 A1'、A3 与 A2'……也能搭配,无疑将大大增加销售量,因为,消费者经过比试以后,会根据自己的爱好搭配(图 3-29)。同理,B 系列与 A 系列,乃至其他系列都能搭配的话,销售量将更为可观。

图 3-29　Loro Piana 品牌印花裙单品和推荐搭配

搭配可以分为有序搭配和混合搭配。在一个品牌里面,特别是在一个系列里面,搭配往往是有序的,风格依旧明确;在多个品牌里面,搭配可以是混乱的,风格比较模糊。其实,"混搭"是事先设定某种效果,以"无规则"为规则进行搭配,并非真正的杂乱无章。即使是以单品面貌上市的产品,其开发过程依然要按照系列化思路进行,不然,整盘货品之间会缺乏联系。此时,每个单品之间的关系显得尤为重要。

(六) 考量统一性与对比性

系列感过于统一,产品将显得没有生气;系列感过于散乱,产品将显得混杂零乱。在设计风格方面,每个系列统一于品牌的主体风格基调是系列策划的大前提,有些时候,为了配合某种目的而推出的产品却可以不受此约束,比如在稳重有余的整体风格中,加入一个比较活泼的系列,不仅能表现出品牌调性,也可以活跃卖场的气氛,吸引消费者的眼球(图 3-30)。应该注意的是,在加入某个风格不同于整体的系列时，一是两者的风格差异不宜太大，不能与整体风格格格不入；二是该系列的款式数量不宜过多，其卖场的出样面积仅处于点缀地位。

图 3-30　Études 品牌统一单调的陈列与 ZEGNA 品牌对比丰富的陈列

第四节　品牌服装系列策划程序

　　正确的程序是保证既定任务达到预期目标的前提。程序的正确性要以事物本身的规律为准绳，对既有做法进行重组和优化，其目的是以最少的资源耗费，获得最大的运作效果。品牌服装的系列策划必须在品牌建设目标的指引下，尊重服装产品本身的特点和规律，结合企业现有条件，在最低的成本、最短的时间、最小的场地、最快的路径、最少的环节、最好的表达中找到平衡，形成正确的产品策划程序。一般来说，品牌服装系列策划的程序基本如图 3-31 所示。

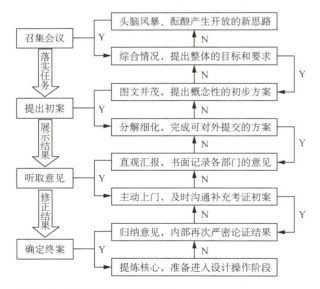

图 3-31　品牌服装系列策划程序

一、 召集会议

会议是即时交流思想、布置任务、检查工作的常用沟通方法。会议主要分为线上和线下两种形式，两者各有优劣。相比之下，线下会议能触摸到样品等实物，但会议综合成本相对较高。在实践中，可根据沟通内容的不同，选择合适的形式。

首先，以会议形式召集相关人员，就策划的任务和目标进行商议。产品系列一旦确定，就成为企业短期内不宜更改的行动目标。因此，系列的酝酿阶段尤为重要，不可草率从事，如果时间允许，可以有步骤、分阶段、分目的地进行。此项工作不是设计部门单独承担，应该由企业主管召集经理部、企划部、市场部、设计部、技术部、财务部等相关部门和人员召开会议，根据系列策划原则，理解系列策划要点，以市场为导向，参照品牌发展目标，利用头脑风暴，释放每个成员的思维能量，调动各方积极性，集思广益。

其次，在主要会议的基础上，由主管部门牵头，召集目标明确的系列策划会议，提炼头脑风暴的结果，整理上一季销售情况，对下一季产品提出整体目标和要求，分析目标品牌或潜在对手的策略，共同探讨本品牌究竟做什么产品系列，同时确定系列数量、品种布局、主次顺序、长短设定等，并形成书面结果，如备忘录、任务书等。

二、 提出初案

初案是围绕工作任务，经过一段时间的工作而得到的阶段性工作结果。其中可以在不违背工作任务的前提下，结合品牌服装设计工作特点，对工作任务中没有提及的一些细节进行补充。

首先，由设计部门根据会议结果，做好系列分解计划，配合印象图片、产品图片、必要的表格和文字，提出整体框架清晰可见的初步方案。初案是对会议结果从文字到图形的翻译，是提供给全体策划人员进行沟通磨合的依据，其中可以加入设计师对服装的理解以及针对会议结果进行深入调查的结果。最初的书面结果仅仅是一些抽象数据或定性文字，如果用图形演绎这些数据或文字，将会强化视觉结果；而产品设计需要明确的视觉结果来统一团队行动，因此，这个程序必须用明确的视觉结果来正确表达原来的意图。这部分工作由设计部门完成。

其次，在上述初案经过沟通并获得通过的基础上，设计部门应采取多个步骤，分解和细化设计初案的工作。系列分解的步骤由粗到精、由表及里、从大到小、从提出到修正，采用排除法、比对法或质疑法逐步细化，精心安排每一个系列的主题名称、视觉印象和产品结构，做到在文字上、视觉上和产品上的强关联，便于设计团队在进一步设计具体产品时对号入座，也便于日后的市场推广。

三、 听取意见

意见即人们对事物所产生的看法，在此尤指对系列策划方案的不同想法。根据提出意见的人员、场合、时间的不同，意见可分为主导意见和补充意见等，其功效通常在特定时间段内。因此，提意见必须考虑时间因素，比如，对于尚未完善的初案不宜提出要求过于苛刻的意见。

首先，在初案完成后，策划人员应该以最为直观和生动的方式，在产品策划会议上向各有关部门汇报，努力使后者能够理解和支持初案，以便达成日后行动上的一致；同时充分听取并书面记录其意见，及时回答针对这些意见提出的问题和可能采取的解决办法，力求达成共同见解。在实践中发现，由于这个程序里还没有设计出具体的产品，其他部门对这个阶段的沟通往往提不出什么具体的意见。为了在后续程序中减少因此而带来的不必要的矛盾，这个阶段的工作结果应该尽可能具体化和直观化。

其次，主动借助其他部门的力量对工作结果进行审核。设计部门容易因为工作环节的局限而对品牌的全局性运作产生认识上的欠缺，从而导致初案不切实际，缺乏可操作性。如果其他部门从其自身运作的角度对初案的可操作性进行评判，对初案的完善极有裨益，因此，这个程序应该要求和依靠其他部门帮助修正系列策划方案，策划人员与各有关部门宜采取耐心诚恳的态度合理解释，不可用强词夺理的方法进行沟通。

四、 修改完善

修改完善是针对在最终方案定稿前的所有中间方案进行的必需环节，几乎充斥于策划工作的整个过程。随着工作时间的推移，策划人员对工作任务的认识也是在不断深入的，一些在策划前期考虑不足或尚未暴露的问题，可能会在策划后期出现；还有不少初案中故意留置的阶段性问题，也是需要事后填补的。因此，对策划方案的修改完善是十分必要的。

首先，对于从上一个环节收集到的意见和建议，进行逐一归类、合并、排序，客观分析这些意见的合理性、迫切性和可行性，结合企业综合能力和品牌实际情况，做一些方案修改必需的追加调研、流行信息、补图补款等工作，有条不紊地做好方案修改的基础工作。有时，某些方案的修改耗时很长，修改过程非常痛苦，修改人员心生厌烦，但是，只要修改意见是合理的，客观条件是允许的，就应该无条件地修改完成，杜绝因策划方案失误而造成操作环节的后患。

其次，策划人员要运用专业知识，纠正所有错误，充实缺失内容，完善策划方案。必要时，应采取对方乐于接受的方式，包括文字、版面、小样等，完成对方案的修改。此时，虽然修改方案未必是最终方案，仍有可能再次进行一次或多次大幅度修改，但每一次的修改结果必须保持修改前后的逻辑统一、图文流畅、数据准确。

五、 确定终案

终案即最终方案，包括最终提交和最终确定两种情况。设计部门或商品部门是最终方案的提交者，该方案仍有可能被要求再次修改；决策部门是最终方案的确定者，通过决策的方案被要求严格执行。

首先，根据各部门对上述修改方案的沟通结果，归纳成最终意见，进一步思考这些意见的正确性，并按照重要性排序，再次补充必要的数据和信息加以认证，补充和完善视觉资料，在可行性上进行严密的讨论，形成最终的完整方案。任何方案最重要的是其实现的可行性，因此，从主要环节具备的条件和需要达到的目的入手，预计各配合环节可能会出现的问题，对运作细节反复推敲，模拟方案的实施工作，才能最大限度地保证方案的可行性。

其次，以书面的方式获得决策人员的确认意见，提炼出其中的核心结论，为下一步即将开展的产品设计工作做好准备。由于完整的产品策划方案可能比较冗长，难以用设计团队喜闻乐见的一目了然的视觉方式表达出来，此时，可以对策划方案进行关键词、关键要素的提炼，形成以视觉形式为主的精简版本。整个过程要尊重企业各相关部门的合理意见，因为品牌获得成功是团队合作的集体成果，绝非某个部门更不是某个个人的单独行为。

值得提醒的是，终案仍然不能排除再次进入听取意见和修改完善的程序。

第四章

品牌服装的设计元素

　　设计元素是谈论设计时出现频率很高的词汇，但是其大多停留在商业层面或口头叙述上。究竟什么是设计元素？设计元素是如何分类的？如何提炼或使用设计元素？这些问题却少有明确说法。 比如，某年的流行预测称将要流行浪漫风格，那么，究竟什么东西可以构成浪漫风格呢？其具体表现又是如何的？对此，大部分人想到用蕾丝或粉彩色系来演绎，其实，构成浪漫风格的设计元素非常宽泛，其视觉图形可以有更大的范围。 本章对设计元素作一个比较完整的定义，提出一个建立在应用意义上的完整说法，以期对设计元素的研究与应用有章可循。

第一节　设计元素理论概述

一、设计元素的概念界定

(一) 设计元素的定义

设计元素是指设计体系中的基础符号或为设计对象准备的基本素材,在产品设计中用来构成产品的最细小设计单位,也是对产品组成部件及其表现形态最大限度分解的结果。在服装设计领域,设计元素是指构成服装产品的最细小单位,也是对服装零部件及其表现形态的最大限度分解的结果。比如,作为某件服装设计元素之一的某个纽扣已是这件服装的最细小的零部件之一,而对组成这个纽扣的设计元素进行分解,可以分别得到造型、色彩、图案、材料、品质、连接方式、使用部位等多个组成因素的分解结果,如果对这些因素做出一些规定,将便于这一设计元素在实际应用中的清晰定位。

就当前认知现状来看,"设计元素"是一个普及但欠严谨的词,是设计的素材、主题、题材的时髦称谓,其中,最常见的是把设计元素等同于设计题材。以人们似乎非常熟悉的"中国元素"为例,它包含了哪些方面、什么题材、哪种类型、如何细化、怎样应用、与服装品牌关系如何等,诸如此类问题均无定性研究的深度,更少定量研究的方法。这种含糊其辞的表述,未能形成完整的设计元素理论体系,影响了在设计工作中的准确应用。

从领域来看,元素最初是化学名词,是指构成事物的基本物质的名称。迄今为止,人们在自然界发现的物质有 3 000 余万种,但组成它们的化学元素只有 118 种。数学中也有元素的概念:具有某种属性的事物的全体,称为"集",组成集的每个事物称为该集的元素[①]。在此,设计元素借用了这一元素概念,引申为构成产品整体面貌的最基本单位。与化学或数学元素不同的是,除了性质以外,这个最基本单位还有数量和形态等方面的规定性。

从字义上看,"元"含有根本、原来、首要、开始之意,"素"含有单纯、本色、基本、未曾之意,两者相加,称为"元素",意即具有原始属性的事物面貌或构成事物的基本成分。元素的同义词有因素、要素等,前者是指构成事物的成分和影响事物的条件;后者是指事物必须具备的主要因素和本质条件。据此,设计元素的一般定义是指构成设计结果的基本成分和初始条件。

设计思维的特点决定了它具有发散性和随意性的特征,更多地属于形象思维。所谓发散性是指设计思维是开阔的、跳跃的,并不受制于过于严密的逻辑推理,由一个母点扩散到多个子点,每个子点可以再次散发开去。所谓随意性是指设计思维受人的主观臆断主宰,思维过程随机性强,受到形式美原理、社会标准和主观意识的影响,思维结果无标准答案可言。做一个形象的比喻:数学中的 1+1 只有一个等于 2 的结果,或者△+□只能等于△+□;设计中的 1+1 却可以大于或小于 2,△+□可以有无数个答案。这里的"1、2"或"△、□"可以理解为设计中的一个个元素(图 4-1)。

---

① 夏征农.辞海.上海:上海辞书出版社,1989.

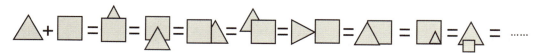

图4-1　设计思维中的元素表现示例

(二) 设计元素的特征

1. 集合性

设计元素的集合性是指设计元素以集合的方式组成产品并发挥作用。一个设计元素不可能构成一件服装产品,必须是一群设计元素的集合,才能构成一件完整的服装,因此,设计元素的利用过程是将设计元素"群"分解后组成相关设计元素"集"的过程。"群"的概念大于"集","群"是指设计元素处于未经整理状态的自在集合,"集"是建立设计元素内在联系的规定集合。在一定的形式规则作用下,设计元素集构成了服装设计风格,对设计元素集的选择就是在形式规则的引导下对设计风格模式的框定,如果一个品牌没有基本的设计元素集,产品面貌必将混乱不堪(图4-2)。

图4-2　Tao推出的2023/24秋冬系列应用经典格纹、衬衫外套、休闲裤、半身裙等设计元素,集合打造其休闲风格

2. 稳定性

设计元素的稳定性是指设计元素的指证意义在一定时期内具有相对不变的内涵。设计元素的指证意义代表了人们对某种设计元素基本涵义的普遍认识,在意识没有出现剧变的前提下,这种普遍认识是相对稳定的。设计师正是利用了指证意义的稳定性,表述了自己的设计理念。许多国际大牌都有其相对稳定的设计元素集。在进行产品设计时,每个品牌在一个销售季节里应该有一个总的设计元素群和细分的设计元素集,这些基本设计元素集可以分为主要元素集和次要元素集。相对稳定的主要设计元素构成了品牌的基本风格,次要设计元素是前者的点缀,是对品牌风格的变化和补充(图4-3)。

3. 交叉性

设计元素的交叉性是指设计元素因难以确定其明确边界而具备了多元交叉属性。设计工

图 4-3　粗花呢面料成为 Chanel 品牌典型而稳定的标志性面料元素

作带有艺术工作的特点,灵感的、人为的、随意的因素居多。在严谨的自然科学领域,谁能在现有的化学元素以外发现另一种新的化学元素,将是人类科技又一次重大进步。相比之下,对设计元素的界定却没有这么严谨,种类也完全可以人为地新发明新创造(图 4-4)。因此,一种设计元素往往以交叉或并列的方式存在于不同的设计元素集。品牌服装设计的主要特征之一是对设计元素集内的设计元素不断重组排列,强调一个系列内的设计元素之间、一个系列与其他系列的设计元素之间的联系,显露了设计元素的交叉性。

图 4-4　新技术的领域交叉也是提供新的面料元素的惯用方法,图为蘑菇菌丝体技术与纺织领域交叉而发明的 MycoTEX 面料

二、设计元素理论的由来

(一) 理论教学发展的需要

我国高等服装教育已经有 40 多年历史,其主要教学模式沿袭传统的"工艺美术"教学模式,服装设计理论近似工艺美术理论,真正属于服装设计专业的专门理论并不多见,对于服装品牌的"设计元素"没有严格意义上的、可操作性强的、构成完整的系统框架,"设计元素"接近于"设计要素"、"设计细节"或"服装零部件设计"等概念。这种现状与服装行业在国民经济中的地位不相匹配,也不利于服装设计教学与行业现实需求的互动,因此,服装设计教学需要从理论的高度,澄清一些似是而非的说法,提出基于品牌服装设计的"设计元素理论"。

(二) 行业实践环节的同步

在设计实践中,用模糊理论中的"多值逻辑"观点,可以将一些模棱两可的设计风格或设计元素进行归类,例如:服装的领型有上千种之多,有些领型风格鲜明,有些则含糊不清,在建立设计元素素材库时,将前者归入各自所属的清晰风格区域,将后者归入一个共存的模糊风格区域。当需要对某个款式进行修改时,根据修改意图,分别在"清晰"或"模糊"区域内搜索领型,完成修改指令。又如:一款风格非常鲜明的少女装在使用了晦暗色彩或男装面料以后,就会削弱其原有风格,往中性风格转移。同理,一款中性风格的服装在部分地换上女装或男装设计元素以后,会分别朝着这两个方向变化。

> ■ **案例**
>
> ICICLE(之禾)品牌设计风格定位时,重点突出了其品牌定位中可持续、优雅和舒适的特点。能够体现这三个特点的设计元素可从多方面的题材进行提炼,例如道家思想、环保染色等。ICICLE 基于"天人合一"的古老思想,并结合当下的可持续理念,进一步将设计风格分解为天然面料、天然工艺、简约的款式等几大设计元素。既符合品牌的定位需求,也顺应了当下可持续的环保趋势(图 4-5)。
>
>
>
> 图 4-5　ICICLE 设计风格定位

(三) 便于设计元素的应用

在策划一个流行季节全部产品的设计元素时,正确的程序是首先将所有可能使用的设计元素从设计元素素材库中罗列出来,进行初步筛选后,拿出合乎要求的部分使用,保留模棱两可的部分备用,去除肯定不用的部分;其次,将设计元素经过使用比例分配,有所侧重地投放到产品系列的设计中去。其中不排除多个系列共同使用同一设计元素的可能,这是因为同一设计元素不同的使用方法会出现不同的视觉效果,这也是保持品牌风格相对整体的需要。上述做法就是摒弃了精确数学的二值逻辑,引入模糊数学的多值逻辑概念。

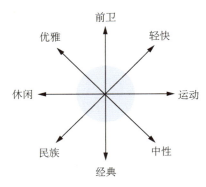

图 4-6　服装主流风格示意图

三、 设计元素理论的作用

(一) 方便品牌定位的表述

　　模糊聚类原理可以很好地表述服装品牌的风格定位问题。图 4-6 选取了八种市场上流行的女装主流风格分类,箭头两端是二值逻辑,中间焦点是三值逻辑,处于箭头两端和中间焦点部分的灰色区域是多值逻辑,即所谓的模糊风格区域。从理论上来说,多值逻辑可以无限细分,虽然灰色区域越是多值化,分析结果的精度越高,但是这样细分的结果恰巧暴露出模糊理论的一个弱点:如果简单地模糊处理信息将导致系统的控制精度降低和动态品质变差,但是,若要提高精度则必然增加量化级数,从而导致素材库中规则搜索范围扩大,降低决策速度,甚至不能实时控制,在人为识别服装风格时表现为忽左忽右而无所适从。

　　品牌定位同样存在这种现象。两种相对对立的风格相互并不是"非此即彼"的关系,更多的是含有风格之间的包容性,从而产生风格认知的模糊。而且,比邻的风格和间隔的风格之间会相互渗透,使某件服装产生模糊风格。尽管如此,人的大脑是一个可靠的识别系统,人们在表述一个初次接触而尚未确证的品牌时,总是习惯于把它进行归类,从而确定其风格属性,往往会说"这个品牌很像某某品牌"。当这个品牌拥有数个品牌特征时,人们会对其进行优先级选择,即它最像哪个品牌,这种表述就是最原始的模糊聚类。

　　如图 4-7 的品牌风格可以表述为"具有前卫风格和休闲特点的、带有民族气息的、缺少经典和运动特征的品牌"。这种描述仍然比较抽象,必须配合具体的图形才能表达清楚。图中灰色区域的改变预示着品牌风格的变化范围。

　　图 4-7 是对图 4-6 在品牌风格定位中的模拟应用。从图中可以看出,一个品牌的风格不是单一指向的,风格再鲜明的品牌也是以某种风格为主,兼具其他风格的某些特征,区别仅在于主要风格和次要风格所占种类和比重,如果两者比重悬殊,则风格鲜明;两者比重接近,则风格模糊。这是因为构成服装产品的设计元素本身往往具有多重风格倾向。从设计角度来看,风格越鲜明越好,品牌认知度高,但是,从市场角度来看却未必如此,要找到其中的平衡点并非易事。

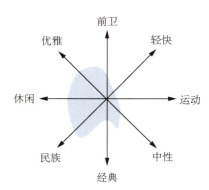

图 4-7　服装品牌风格象限定位图示

(二) 区分设计元素的等级

　　在实际设计操作中,根据品牌定位情况,可以对服装款式风格进行优先级处理。即首先设定某种风格强、中、弱等若干个判断风格表现的等级,然后把具有类似风格的设计元素或服装产品集中，根据其风格表现效果的强与弱，对应其等级。必须指出的是，这里的优先级是人为制定的，人们公认的风格强烈的元素即为优先级元素，其他元素依次分为中等级元素和弱化级元素，这对设计中如何分级应用这些元素具有指导意义。

对于某个品牌来说，因其产品数量有限，使用的元素种类不多，判断其优先级设计元素比较容易，操作简便，思想易于统一。对于品牌群来说，因使用的元素种类太多，对优先级设计元素达成一致共识比较困难，所谓"众口难调"。这里可以采用专家小组集体推断的方式，做一些旨在求证认同的微型调查，取近似值，模拟公众心态，使处理结果尽可能接近客观评判标准。

四、服装设计元素的分类

设计元素数不胜数，犹如存放于一个巨大无边的仓库中，如果不对其分类，既不易在短时间内找到，也难以高效率地输出。因此，在分解设计元素前，有必要对设计元素进行分类。服装设计元素可以分为十二大类（图 4-8）。

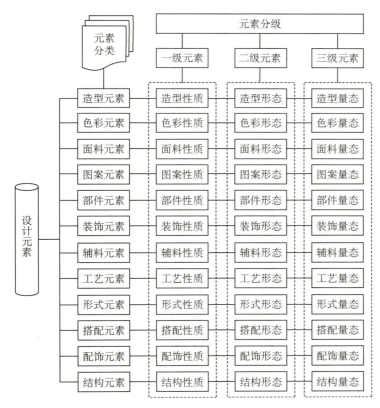

图 4-8　设计元素形态对服装风格的影响

(一) 造型元素

造型元素是指构成服装廓形的基本成分。造型也称款式或外轮廓，在外观上呈现出款式的空间状态。服装的基本款式是由造型元素决定的，如廓形中的 X 型、H 型等。它构成服装的外部轮廓，可以承载依附其上的其他设计元素，因此，选择造型往往是服装设计的第一步（图 4-9）。

图 4-9　Palm Angels 品牌 2023 秋冬系列中的 H 型服装造型

(二) 色彩元素

色彩元素是指色相、纯度、明度等构成色彩的基本成分。色彩是一个有明显流行倾向的设计元素，通过染色工艺在服用材料上表现出来。色彩元素体现产品的色彩面貌，是产品设计的重要内容，因使用面积和部位不同而效果各异。如鲜艳的亮红色、中灰度的暗橄榄绿色等（图 4-10）。

图 4-10　Sara Battaglia 品牌 2023 秋冬系列中的蓝色色彩元素

(三) 面料元素

面料元素是指成分、织造、外观、手感、质地等构成面料的基本成分。面料是构成一切实物服装的物质基础，面料本身一般已经具备了一定的风格特征，如粗放、光滑、硬挺、柔顺、飘逸等，可以烘托或改变造型元素的原有风格，是一个应当引起充分注意的设计元素（图 4-11）。

图4-11　Roisin Pierce 品牌 2023 秋冬系列中的蕾丝面料元素

(四) 图案元素

图案元素是指题材、风格、套色、形式、纹样等构成服装图案的基本成分。图案是影响服装风格的重要设计元素，为了突出服装风格，某些品牌拥有惯用的典型图案，如：法国爱马仕（Hermès）的典型图案是马具图案（图4-12），日本森英惠（Hanae Mori）的典型图案是蝴蝶图案。

图4-12　Hermès 品牌的典型图案

(五) 部件元素

部件元素是指构成服装零部件或服装细部的基本成分。部件的种类、大小、形状、颜色、质地、数量和位置等因素对服装风格产生很大影响，如泡泡袖（图4-13）、立体袋、局部中的驳领、嵌线等。细部设计从属于造型设计，其重要性容易被忽视而造成系列产品风格紊乱现象。

图4-13　泡泡袖元素

(六) 装饰元素

装饰元素是指构成服装上装饰物的种类、材质、造型、色彩等基本成分,如皮质标牌、热熔水钻等。装饰一般是指仅有装饰性没有实用性的与服装浑为一体的可见物,由于它具有画龙点睛般的聚焦作用,往往成为产品的卖点,因此将其从服装辅料中独立出来讨论(图4-14)。

图4-14　珍珠、水钻装饰元素

(七) 辅料元素

辅料元素是指构成辅料的成分、种类、造型、外观、手感、功能等基本成分。从显示程度上来看,服装辅料可以分为显性辅料和隐性辅料。前者是指暴露在服装表面的辅料,如纽扣、标牌、拉链等(图4-15)。后者是指隐藏在服装内层的辅料,如黏合衬、洗水唛、松紧带等。

图 4-15　显性辅料元素

(八) 形式元素

形式元素是指构成形式美原理的基本成分，如比例、节奏、对称、均衡等。即使是同一个零部件，运用不同的形式元素排列，也会产生截然不同的外观效果。一般来说，形式元素本身并不是以物质形态存在的具体事物，而是将面料、零部件等实物按照设计意图进行排列（图 4-16）。

图 4-16　蝴蝶结元素的排列运用

(九) 搭配元素

搭配元素是指构成服装之间穿着搭配的基本成分，如件套、鞋服、帽服、内长外短、上松下紧等。即使是一组相同的服装，由于采用搭配方式的不同，也会呈现异样的效果。搭配元素不能独立存在，需要根据系列策划的要求，在完成了单品设计的基础上，按需组合（图 4-17）。

图 4-17　Olly Shinder 品牌 2023 秋冬系列单品不同搭配效果

(十) 配饰元素

　　配饰元素是指构成配饰的基本成分，包括种类、功能、材质、造型、色彩等，如迷彩双肩包、印花革松糕鞋等。虽然配饰不是服装，但是它对服装设计研究穿着者整个着服状态起着非常重要的烘托作用，因此，配饰也是一个重要设计元素，完整的服装设计不能缺少对配饰的研究（图 4-18）。

图 4-18　Nina Ricci 品牌 2023 秋冬系列以大檐帽为配饰

(十一) 结构元素

　　结构元素是指构成服装结构的基本成分，如属性、方法、规格、尺寸、角度、转接、翻折、褶皱等。服装结构是将设计稿转化为实物的桥梁，不同的结构设计各具特色，如日本文化式原型等。一般来说，结构元素为造型元素服务，其表现相对比较隐蔽（图 4-19）。

图 4-19　Issey Miyake 品牌的褶皱结构设计

(十二) 工艺元素

　　工艺元素是指构成服装加工工艺的基本成分，如缝纫方法、熨烫方法、锁扣方法、分部工艺、绣花工艺等。服装工艺受制于服装结构，除了拱针、抽穗等外观特征比较显著的工艺以外，大部分服装工艺因隐藏在服装内部而比较隐蔽(图 4-20)。

图 4-20　拱针工艺

　　根据设计元素在产品中的视觉显示程度，可以把以上十二种设计元素分类划分为显性元素和隐性元素两大部分，其中，(一)~(六)可称为显性元素，(七)~(十二)可称为隐性元素。

五、 对服装设计元素的再认识

(一) 外观表现与影响

　　在服装设计风格的塑造中，设计元素在外观表现上发挥着不同作用。通常情况下，设计元素在设计中影响风格的作用依上述次序排列，当然，在实际应用中也不排除上述次序变动的可能。相对而言,造型元素、色彩元素、面料元素、图案元素等显性元素因易被视觉感知而易受重视;结构元素和工艺元素等比较隐性的设计元素,往往不被款式设计所重视,有些设计师甚至没意识到它们也是设计元素。

影响设计元素外观表现的因素十分复杂,其使用时间、使用位置、使用面积、使用环境、周边元素等因素的变化,会使其原来含义出现微妙的变化。另外,人们不同的审美观也会对设计元素的表现产生不可忽略的影响,在意识形态和文化背景的加持下,某些设计元素可能会出现完全相反的含义(图4-21)。

图4-21 Philipp Plein 品牌应用骷髅元素传达叛逆前卫的设计理念,而有些地域认为该元素具有死亡阴郁的含义

(二) 研究与存在方式

从研究角度看,可以将上述十二类设计元素合并为单纯元素和集合元素两大类,其研究意义与存在方式应该区别对待。

单纯元素是指在纵向分列内的、不考虑与其他种类元素横向关联的设计元素。例如:在谈论造型时只考虑其性质、形态和量态而不考虑其色彩或材质等因素。从单纯元素的角度出发研究问题,可以使问题变得比较简单明了。但是,纯粹的单纯元素往往不是设计元素存在于服装产品中的最终状态,因为它在被使用前还会涉及或需要明确其他设计元素的内容。以造型为例,仅仅考虑什么性质的造型及其体量关系如何,只是完成从造型意义上的单一选择,还要对这个造型从色彩、材料、形态、图案或结构等其他设计元素方面的考虑。

集合元素是指对选定的单纯元素作横向关联,将其他设计元素集合成为在服装上出现的最终形式,成为一个可以使用的独立的设计元素。以配件为例,在完成了配件的性质、形态和量态选择以后,比如对其在色彩、材质或图案等方面的考虑,才能成为具体的、完整的和独立的设计元素。

第二节　设计元素核心理论

一、设计元素的分级

(一) 设计元素分级的必要性

1. 服装物质状态的构成需要

作为一件物质状态的服装,它是由设计、材料和制作三大板块构成的,每个板块可以再分为两个部分,即设计由款式设计和色彩设计构成,材料由面料和辅料构成,制作由结构和工艺构成。这三大板块都包含一定的设计元素,只不过习惯上"设计"和"材料"更容易被看成是"服装设计"研究的主要内容。

服装的设计元素是对构成服装产品的具有风格特征的基本成分的统称。设计元素还可以进一步拆分,但是这种拆分的结果必须具备风格特征,才能在其组合以后仍然呈现预想的设计风格。打一个比方,颜料是构成画面色彩的物质基础,尽管没有笔触的颜料仍然可以产生一定的色彩联想,但是忽略了厚薄、干湿、方向、力度、粗细、光糙、大小、软硬、疏密、缓急和曲直等笔触表现,其对绘画风格的讨论将没有意义。

2. 服装设计状态的构成需要

服装设计被看成是由款式、色彩和面料三个部分构成。从服装设计表达过程来看,通常是在收集好设计元素以后再组合而成。在此之前,从存在方式上分,设计元素可以分为两个部分:一是作为物质方式存在的面料和辅料;二是作为思维方式存在的造型和色彩。大脑的作用是把这两种存在方式用一个设计结果表达出来。

按照设计工作特点,设计思维在头脑中的形成是一个"黑箱"过程。其他人无法了解这个"黑箱"过程,只有设计师本人知道。分级是为了产品开发团队全体成员了解设计过程和目标,保证品牌风格在理解上的一致性,由个人化的"黑箱"操作转为适合团队化的"白箱"操作。对设计元素含糊其辞,将不利于设计工作的明了化。设计元素分解越细,越是便于设计团队协同操作。

(二) 设计元素分级的形式

如前面图 4-8 所示,设计元素可以分为一级元素(性质)、二级元素(形态)和三级元素(量态)。

1. 性质分级

设计元素的性质定为一级元素。事物的性质是描述事物的最基本要素,在设计元素理论中,设计元素的性质是确定所选元素的性质究竟属于哪一类型,以便为进一步处理作基础。据此,在十二大类设计元素中,每种细分元素都可以定性为某种性质,各有自己的性质描述。例如,造型性质明确了造型是圆是方,属于 X 型还是 T 型等;色彩性质如色相、纯度、明度等,对所需色彩首先确定是红是绿等色彩的基本属性;面料性质是对材质成分的区分,所选材料是天然纤维还是化学纤维中的哪一种;其他设计元素的性质照此类推。比如,图 4-22 从左至右的廓形分别是 O 型、X 型和 H 型,由于造型性质的某种风格属性,分别给人运动、经典和中性的风格印象。

图4-22　设计元素性质对服装风格的影响

2. 形态分级

　　设计元素的形态定为二级元素。形态是事物的外形表现，在设计学科中，形态可以引申为从事物中抽取出来的相对独立的形式要素，即其外形及情态。与"造型"不同的是，造型较为抽象，形态较为具象，相同的造型可在某种情况下传递完全不同的形态。比如，"圆"是造型的描述，仅具备造型意义上的抽象特征，当其成为足球、太阳、玻璃珠等具体的圆形事物以后，其形态（情态）发生了根本变化。同样，服装是离不开形态表述的实物。比如，"红"只是一个色相，这个红是透明的还是不透明的，是亚光的还是亮光的，传递着不同的情态，并由此产生联想。再如，面料形态具有色号、光糙、平皱、松紧、凹凸、软硬等。虽然某款服装选择了全棉材质面料，但其纱支、组织结构却有很大差异，做成产品的外观风格也因此而异。图4-23中的三款上装都是X型，但面料选择了不同材质，分别给人经典、前卫和优雅的风格印象。

图4-23　设计元素形态对服装风格的影响

3. 量态分级

设计元素的量态定为三级元素。量对造型的形态变化影响很大,两个性质和形态相同的事物,如果量态的差异悬殊,会给人造成巨大的心理差别。比如,面对上海"东方明珠塔"这个题材,在观赏其微缩版工艺品和在外滩现场仰望其实物版时,尽管两者造型和材质一致,但在量态的作用下,前者显得玲珑剔透,后者显得宏伟震撼。就服装而言,大小、多少、长短、单复等面积、体积和数量关系构成设计元素的量态内容。如图4-24,尽管两者都是造型一样的A字裙,但是大A字裙浪漫而妩媚,小A字裙性感而活泼,传递着不同的观感,这一切都是量态的作用。

图4-24 设计元素量态对服装风格的影响——Dior品牌中A字裙大小量态对比

二、 设计元素的蜕进

(一) 设计元素蜕进的必然性

1. 服装流行与消费审美

服装流行引导着消费审美,消费审美推动了服装流行。在这个双向运动过程中,主要指征之一反映为设计元素的蜕进。在设计现象中,蜕化掉的元素往往不是永远消亡,而是暂时隐退,在某一特定时刻,其将会以特定的进化方式出现在新的事物中。设计元素的蜕进是一个快速转换的过程,在时机恰当时,被淘汰的设计元素会沉渣泛起,因为它是文化现象,不是某个物种。一些看似陈旧的设计元素突然卷土重来的例子比比皆是,有些略经改头换面,有些则原汁原味地招摇过市。比如,50多年以前曾经在中华大地风行一时的"回力鞋",略经改头换面,成为当下时尚达人们标榜潮流的基本装备之一(图4-25)。

2. 时代发展与技术进步

时代发展必然引起技术进步,技术进步支持设计观念的实现。时代发展改变了衣着环境,使得服装上的某些原有功能被遗弃,例如,西服中的摆衩因现代生活很少骑马而退化了。技术

图 4-25 全新系列回力鞋

进步提供了物质上实现的可能,例如,在最近几届奥运会上引发争议的"鲨鱼皮材料"支持了可以提高游泳速度的全新泳装的出现(图 4-26)。在日本著名服饰理论家小川安郎总结的关于服装流行规律的理论中,有两条阐述服装流行变化的重要规律:表衣蜕化规律和不用退化规律。[①]前者是指服装由内向外演变,即外层衣服不断被内层衣服否定和取代。内衣外穿现象就是最典型的应用例子(图 4-27);后者是指服装上的某些构成元素,尤其是功能性元素,一旦被闲置不用,这些元素就会退出流行之列。这两种规律的出现与时代发展和技术进步密切相关。

图 4-26 Speedo 推出的明亮配色鲨鱼皮泳装

---

① 李当歧. 服装学概论. 北京:高等教育出版社,1990.

图 4-27　ANNA OCTOBER 推出的女装系列以内衣单品凸显浪漫格调

(二) 设计元素蜕进的形式

1. 集合蜕进

　　从设计元素的使用频率上看,可以分为常规元素、流行元素和蜕化元素三组。常规元素是指经常出现的比较稳定的基本设计元素;流行元素是指主导流行的时效性鲜明的新型设计元素;蜕化元素是指暂不流行或退出使用的淘汰设计元素。其中,常规元素和流行元素是被经常使用的元素,蜕化元素虽然也会同时少量存在,但在一般情况下,设计师不会主动利用,即使利用蜕化元素开发产品,也是用刻意求变的态度对待。常规元素使用频率高,容易被人们熟视无睹,而流行元素和蜕化元素则具有明显的时代印迹,因此比较容易被辨认。

　　从设计元素的风格样式上看,可以分为经典元素、前卫元素和冷僻元素三组。经典元素是指历经流传而形态稳定的设计元素;前卫元素是指使用范围有限的风格样貌激进的设计元素;冷僻元素是指不常面世的不入主流的设计元素。市场调研情况表明,由经典元素作为主导风格的品牌容易被大多数人群接受,以前卫元素作为主导风格的品牌主要面向年轻人群,以冷僻元素作为主导风格的品牌市场份额很小。经典元素和前卫元素占市场主导地位,是主流品牌的角逐对象。冷僻元素运用恰当,有出其不意的鲜明风格;反之,则有怪诞滑稽之虞。

　　设计元素以集合成组的方式发生蜕进变化。以上两种集合分组之间有一定区别,主要区别在于表述方式的不同,操作结果基本上是一致的。因此,在企业实际的设计操作过程中,会习惯于其中某一种表述方式(图 4-28)。对集合分组中各类设计元素使用比例的选择结果可以最粗略地确定品牌的风格取向。

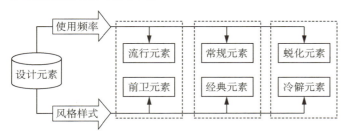

图 4-28　设计元素集合分组图示

2. 转变蜕进

　　转变蜕进是指设计元素在使用及变化过程中发生了地位或性质转变的蜕进形式。流行元素是新生元素在一定时间内获得较大市场认可的元素集合，它可以被直接制造出来，带有前卫特征，也可以从蜕化元素中复苏，带有怀旧特征。常规元素以因循守旧的面貌出现，是经过长时间流传而逐步稳定下来的设计元素，表现得比较传统、经典。蜕化元素因已被人们遗弃或忘却而淡出市场，其中一部分因当下极其少见而成为个性明显的设计元素。三者均有各自地位，在设计元素中都占据着一定的份额。

　　设计元素之间的距离不是保持恒定不变，而是会发生地位或性质的交替转变。当流行元素被广泛使用，并且其中一部分逐渐形成一种恒常形态以后，流行元素就转变成为常规元素。流行元素中有大部分元素不能转变成为常规元素，直接转变成为蜕化元素，而且，实践经验表明，越是特点明显的流行元素越是难以成为常规元素。例如，前几年流行的波希米亚风格中的图案和坠饰（图 4-29），在一阵狂热流行过后，因其过于明显的地域风格而迅速冷落下来，成为市场上首先打折的对象，那些走常规设计路线的品牌更是将其排斥在外，使其从流行元素直接越过常规元素而沦为蜕化元素。因此，某些设计元素从流行感上来看，其角色是可以在动态中相互转换的。

图 4-29　波西米亚风格元素

3. 模糊蜕进

　　模糊蜕进是指某些设计元素因难以定性或定量而出现的基于模糊评价基础上的蜕进形式。服装业界对设计元素的集合与分组有一个会达成某种默契的共识，但是，这个共识是模糊的、动态的，哪些是常规元素？哪些是蜕化元素？哪些是流行元素？每个品牌选择角度不一样，因而组合出来的产品千姿百态。经过一定时间的市场考验，当人们的审美口味发生较大转变时，常规元素中的一部分元素也会沦为蜕化元素，但是，这种可能性比前面流行元素直接沦为蜕化元素要小得多，因为常规元素历经市场考验，已被大多数消费者所接受。在服装消费心态中，有相当一部分消费者只关心大众化流行，对个性化流行并不热衷。

　　人们可以感知上述设计元素的存在，如果用二元逻辑解释，则对某个具体的设计元素分组又会出现认知困难，因此，不能简单地区别哪些是流行元素，哪些是蜕化元素或常规元素，三者的概念似乎都比较明显，但要对设计元素绝对定性和绝对量化不太可能，其中也受到其他设计元素的干扰。即使在同一个设计元素分组中,也存在着分组倾向明确和模糊之分。然而,当设计行为的个人化变成团队化时,相对的定性和定量是必须的,否则,分工合作或审美评判就没有了相对客观的参照标准。因此,在多元逻辑的框架内,设计元素的分组包含着较多的主观成分。

三、 设计元素的整合

(一) 设计元素整合的必要性

1. 设计元素有序化的需要

设计元素散存于世界的各个角落,未经整合的设计元素是松散的、初级的、零碎的、无序的。为了塑造设计风格,品牌服装设计意图在这些尚未整合的设计元素中,将品牌理念贯穿其中,经过有机整合而运用于产品设计中。设计元素整合的目的是让原本无关的设计元素变得关联、协调、交叉、融合起来,这是品牌服装对设计元素有序化的需要。

2. 碎片化信息梳理的需要

设计元素的整合技术就是设计信息碎片的梳理技术。如前所说,服装设计元素像碎片一样散乱地存在于服装产品中间,其数量之多无法统计。每开发下一个流行季节的产品前,对上一个流行季节的设计元素进行整合就像给一支刚打完一场战役的部队补充军事装备一样重要,什么是最新武器,什么是常规装备,什么是落后武器,必须做出判断和选择。

(二) 设计元素整合的形式

1. 保留整合

保留整合是指以保留原来的设计元素为主的整合。这种整合的前提是必须根据市场反馈信息,对以前的设计元素进行梳理,保留其中的有效成分,并适当补充新的设计元素,形成整合后的设计元素集。就产品本身而言,产品系统整合有三个部分:一是产品类别的整合,比如对大衣、外套、衬衫、裙子、裤子或毛衫的种类和比例做结构调整;二是对产品规格和尺码配比的调整,在市场接受了品牌风格的情况下,不恰当的规格尺码配比是阻碍销售业绩上升的重要原因;三是设计元素的整合,哪些是需要保留的,哪些应该剔除,还要增加哪些,应该有个系统考虑。

2. 融合整合

融合整合是指以兼顾不同设计元素于一体的整合。这种整合的前提是从市场上发现销售业绩表现突出的品牌,分别从中提取与本品牌设计理念吻合或接近的设计元素,形成有利于本品牌产品开发的设计元素集。这是一种信奉"他山之石,可以攻玉"的思维下采取的整合方式,比较适合正在谋求设计风格转型的品牌使用,对于仍将延伸原有设计风格的品牌无益。不过,这种整合方式也可能会因为没有在本品牌中实际运行过,难以控制据此得到的设计元素的应用结果而承担着一定的市场风险。

3. 创新整合

创新整合是指以创造新颖的设计元素为主的整合。这种整合的前提是必须拥有难能可贵的创新精神和创新能力,以自我否定的态度,坚持不懈地进行设计元素上的探索与创新。此时,从这一整合方式可能得到的结果上看,由于创新成分的加入或占比很大,整合的意义已经退居第二,创新的意义超越了整合,只有当模仿式创新成分远远大于原创式创新成分,才可以称为创新式整合,否则,这种整合实质上就是创新而不是整合。因此,这种整合方式比较适合一个全新品牌的产品设计。

四、 设计元素中造型、色彩和材质的关系

设计师的设计水平不但体现在寻找、改造或搭配设计元素的能力上,而且体现于对产品风

格最终效果的把握能力。如果最终效果与最初设想非常吻合，那么，他无疑已经成为一个非常优秀的设计师。有设计经验的人都知道：某些初始于头脑中的理想愿望往往与最终的实现结果大相径庭，原因是其掌控最终效果的能力不足，具体表现为对设计风格、产品系列和设计元素的解读有误。

控制设计最终效果是通过调整设计元素的造型、色彩和材质三者之间的关系实现的。为了叙述方便，在此把这三者简称为形、色、质。这三者在使用中将形成如下关系（图4-30）：

A. 同形同色同质
B. 同形同色异质
C. 异形同色同质
D. 异形同色异质
E. 同形异色同质
F. 异形异色同质
G. 同形异色异质
H. 异形异色异质

渐

强

图4-30　形、色、质与视觉效果的关系

从设计的视觉效果来看，由上往下的顺序是视觉刺激逐渐加强的顺序；反之，则是逐渐减弱的顺序（如箭头表示）。从风格倾向来看，上端趋于平稳、保守、温和，下端趋于活跃、激进、强烈。这里描述的是一级元素（性质）和二级元素（形态）的状态，如果将三级元素（量态）合并考虑，情况将变得非常复杂。要控制设计的最终效果，可以有意识地调整三者的使用比例。一件服装或系列服装都符合上述情况。

设计元素不同的搭配方法可以使服装的外观发生很大变化。图4-31是一组关于形、色、质在一件服装上的变化情况图示。为了简要地说明问题，本图仅仅将一件服装上的口袋和纽扣作为研究对象，根据图4-8的规则进行变化，对口袋和纽扣的造型、色彩、材质进行变或不变的处理，已经可以看出从A到H的效果渐趋强烈。如果将衣片或袖子等面积更大的元素进行变化，其结果将更加明显。

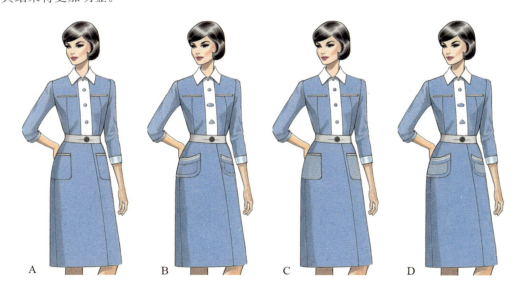

A　　　　　　B　　　　　　C　　　　　　D

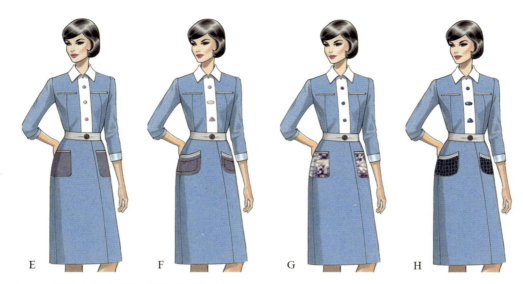

E   F   G   H

图4-31　造型、色彩、材质的视觉效果关系示例

第三节　建立设计元素素材库

一、设计元素素材库概述

(一) 设计元素素材库的类型

设计元素素材库也称设计元素数据库,是指一个参照计算机数据模型和品牌应用规则组织、建立、存储、共享、管理起来的设计元素的数据与素材的集合。按照设计元素的来源、特征及使用习惯,常被称为设计元素素材库。

按照素材建立的方式,设计元素素材库可以分为传统媒介素材库和电子媒介素材库。前者是用传统材料和实物方式建立起来的真实素材库,比如纸张、布料、样衣、色卡、画册等实物或图片;后者是用电子数据建立起来的虚拟素材库,比如图像、图表、视频等电子文件。

按照素材信息的类型,设计元素素材库可以分为款式素材库、面料素材库、配饰素材库、图案素材库等。它们分别是关于某个类别的设计元素,内容更为专一,搜索更为方便。相对来说,此类素材库的整理工作量较大。

设计元素素材库的类型可以根据企业运作规模、品牌构成特点、团队工作方式、个人工作习惯等情况而确定,形式简单、功能一般的素材库往往由设计师或设计师助理即可完成,形式复杂、功能强大的素材库则要依靠专业人员和专业工具才能完成。

设计师头脑中也可以建立一个想象的设计元素素材库,不过,这是留存在设计师头脑中关于服装设计知识和从业经验等内容的记忆,具有相对抽象、无法显示、难以沟通等特点,其意义在于建立一个利用设计元素完成设计任务的概念。

(二) 设计元素素材库的作用

设计工作离不开对设计素材的使用，设计元素素材库建立的目的是为了保存设计元素的历史记录，引进流行信息的最新资讯，提高信息使用的效率，为设计团队提供丰富的储存信息，便于设计团队步调统一。

在设计过程中，设计元素素材库发挥着设计元素的调用、参照、对比、保存、交换、考证等作用。从理论上说，传统媒介素材库可以用可触摸的实物方式全部展开，真实感强；电子媒介素材库需要利用电脑等工具展开，信息储存量大，方便对信息的传输或更新。一个小型设计元素素材库可以看作是一个设计元素集，或者某一个流行季或某一次设计任务需要用到的设计元素可以做成一个设计元素集。

二、设计元素素材库的建立准则

(一) 便于控制设计品质

保证设计品质是设计工作的核心任务，也是建立设计元素素材库的当然准则。衡量设计品质高低的最终标准是产品在市场销售表现中的优劣，如果设计结果没有了品质要求，设计工作将沦落为资源浪费。多环节运作是品牌服装产品开发的特点，但也增加了设计品质管理的难度，因此，素材库的建立应该便于控制设计品质。

(二) 提高设计工作效率

服装是品种最多、变化最快的流行产品之一，其产品设计的更新速度大大快于汽车、电器等产品。因此，设计元素素材库的建立要适应服装行业及产品快速变化的特点，在保证设计品质和获得产品开发其他环节认可的前提下，要考虑这种素材库在使用上的快速化和高效化。

(三) 突出品牌专属风格

企业建立设计元素素材库不是为了学术研究，而是为了实际应用，因此，为了突出品牌风格而服务是建立这种素材库的主要目的。专属性决定了这种素材库具有风格包容面狭窄的特点。此外，把这种素材库理解为品牌的技术档案是不够的，它应该拥有再生和创新的功能。

(四) 放宽风格定义范围

无论哪种类型的设计元素素材库，由于设计元素本身的风格界限比较模糊，特别是设计元素具有风格结合转换的特点，因此，在归类设计元素素材时，可以适当扩大选择范围，不要因为某些设计元素的包容面窄而将其随意排除，同时可对全部设计元素作优先级的设定。

三、设计元素素材库的建立方法

(一) 集合分类法

参照产品系列的特征和设计主题中设定的内容，根据集合分类要点，对散乱状态的设计元素进行意向明确的整理，按照常规元素、流行元素和蜕化元素或经典元素、前卫元素和冷僻元素分门别类地归档。

(二) 关联结合法

从设计元素与品牌风格结合程度来看，可以粗略地把设计元素分为主要和次要两个层面。顾名思义，主要设计元素是指核心的、反复出现的设计元素；次要设计元素是指松散的、偶然使用的设计元素。最有效的方式是进行设计元素优先级的设定。

(三) 更新维护法

无论是实物信息还是电子信息，根据品牌的市场运作情况和服装流行信息对素材库进行定期的补充和替换,做到始终保持最佳最新的状态,从而增强设计团队对素材库的使用信心和使用效率。

四、设计元素素材库的建立范围
(一) 基于自身品牌的设计元素素材库
自身品牌设计元素素材库的建立是指所有进入素材库的设计元素都是围绕自身品牌进行的,具有目标明确、工作量少、归类方便等特点。为了品牌风格有一个相对稳定的延续性,每个品牌都应该拥有自己的设计元素素材库。目前国内服装品牌的应急性产品开发痕迹明显,加上设计师更换频繁,没有很好建立设计元素素材库,更谈不上很好利用。

(二) 基于目标品牌的设计元素素材库
目标品牌设计元素素材库的建立是指针对目标品牌的设计元素而建立的素材库。为了更好地在品牌发展前期有一个比较快捷的发展途径,模仿是重要手段之一。通过模仿建立目标品牌设计元素素材库,具有重要的参照价值,可以少走弯路,尽量避免目标品牌曾经犯过的错误,甚至可以摸索其规律,预测到目标品牌的产品发展方向。

第四节　设计元素理论的应用

一、设计元素理论的应用视角
(一) 设定设计主题
设计主题是指在产品开发之初设定的、以目标顾客为对象的、演绎品牌理想的核心理念描述。每个品牌在一个流行季的产品中应该有一个带有主题性的"故事版",或从"故事版"中提炼出设计元素,所有产品的设计围绕着这个元素群进行。"主题故事"一旦确定就应该有一个延续性,无论某个品牌在上一个流行季的市场表现是成功还是失败,都应该分析和提炼出支撑或拖累这个品牌风格的核心设计元素,对其做出取舍决定。

设计主题服从于品牌定位,它更加着重设计部分的定位细化,与后者的文字和表格等较多抽象内容相比,它更为具象。同样的品牌风格可以由不同的设计主题构成,相同的设计主题也可以运用于不同的产品形态。设计主题的实际运作结果与起初的设定理想必然存在一定的差异,此时,可以进行品牌风格再定位,重新整合设计元素。

(二) 控制设计品质
设计品质是指设计工作的最终完成结果与其最初目标之间的距离,控制设计品质就是要把握两者之间差距的合理性。品牌服装开发的系统性很强,存在着由企业内部造成的主观过失和由企业外部引起的客观影响。尽管每个企业产品开发的工作流程差不多,但是工作结果会由于操作者的不同而产生很大区别,其中最容易产生差异的地方是设计工作流程中可以尽量避免环节摩擦和理解分歧的确认环节。

由于品牌服装设计工作是团队行为,控制设计品质首先要补齐团队"短板",把团队整体工作能力提升至尽可能整齐的水平;其次要树立便于集体操作的优秀模板,让团队知道优秀模板之所以优秀的原因；另外还要对设计工作开展常态化监督和阶段性检查，努力使整个团队及每个成员的工作质量保持在预想的高度上。

(三) 立足品牌风格

品牌服装具有符号消费的特征，人们期待着品牌服装助力其社会角色扮演。此时，服装的物理功能不再是开发重点，审美功能及其象征意义取而代之，成为品牌服装的核心内容。人们在社会生活中扮演着多种角色，其中性别角色、年龄角色、职业角色等对人的服装行为给予很大影响，这种不同或差异反映了社会对不同角色的行为期待。[①]

人们最先获取知识是从模仿开始的。大部分品牌都视尾随目标品牌为捷径，尤其是对一个策划中的新品牌或者是需要动大手术的老品牌来说，选定一个成功的目标品牌作为模仿对象极为重要。模仿目标品牌首先是品牌风格的借鉴，从较为宏观的产品类别着手，结合本品牌的特点进行整合。其次是从较为微观的设计元素切入，按照本章第二节的内容对该品牌的设计元素进行分解，提炼其设计元素的精髓内容，进行类比和排异，有选择地重新运用到产品开发中。

(四) 总结市场情况

从品牌发展的规律来看，虽然周密的品牌策划和相当的资金投入在一定时期内可以应付一个初出茅庐的新品牌或改变风格的老品牌在获得市场认同期间可能出现的销售低迷的压力，但是，当市场业绩长时间无法上升到该品牌预先设定的利润盈亏临界点时，接踵而来的可能是流动资金短缺而导致整个品牌陷入瘫痪。即使一个市场潜力良好但还没度过市场认同期的品牌，其过于前卫或者冷僻的设计元素也应该做出适当的调整，让品牌迎合消费者而不是让消费者迎合品牌。

首先是对市场信息的罗列与提取。总结市场情况的过程是分析包含着设计元素的市场信息的过程，分门别类地收集和罗列设计元素是利用市场信息资料的第一步；其次是提取对本品牌有用的信息。对有用信息可按应用情况分出优先级与备用级，即将最有参考价值的设计元素定为优先使用在本品牌整合中的对象，将其余可能使用的设计元素定为备用级，作为优先级设计元素使用后效果不理想时的替补元素。

(五) 检索流行情报

流行情报是所有发生于时尚行业内外的当前最新动态和前沿数据信息的总称，其范畴十分广泛，贯穿整个时尚产业链。流行趋势预测是流行情报中的重要部分，其中包含着大量设计风格、设计元素、市场偏好等信息。流行情报的精确性非常重要，是指导产品设计行为的重要依据之一，其精确度取决于人们所采用的新技术、洞察力和分析力。

通过各种检索工具，人们可以找到大量流行情报。由于流行情报是面向行业的，缺乏面向单一品牌的专门性，因此，面对这些流行情报，设计团队可以从尊重流行情报的角度出发，结合自身品牌的市场定位、设计风格、系列产品等一系列特性，按照设计元素理论框架进行分类分级、对比解析、梳理整合、辨别真伪，建立或储存于设计元素素材库备用。

二、 设计元素理论的应用方法

(一) 数量法

数量法是指从设计元素的应用数量上进行考量的方法，主要分为重复与简约两种手段。重复是指相同的设计元素在一个产品上出现数次。一个简单的设计元素依据一定方式出现数次以后，这一设计元素的组合效果将变得不再简单，呈现出繁复的风格倾向。简约是指相同的设

---

① 叶立诚. 服饰美学. 北京：中国纺织出版社，2001.

计元素出现次数尽可能少,并且为了达到简洁的风格,尽量控制其他设计元素的出现。从理论上来说,应用于服装上的设计元素可以是单一的,也可以是组群的;可以是种类和数量单一的集合元素,也可以是种类或数量重复的组群元素,或者两者兼而有之。然而实际情况是,极少在一件服装上只有一个集合元素出现,因为一件一般意义上的服装仅仅部件就不止一种,除非像印度的纱丽之类只用一整块矩形面料缠绕即成服装的特例。无论是单一还是组群元素,都可以用重复与简约的手法处理(图4-32)。

简析:
A. 运用重复手段,将同一立体袋元素反复运用在背带裙的各部位,使原来简单的款式变得复杂化
B. 以简约处理为原则,几乎去除了服装上所有装饰。为了避免误入"简单"之列,以亮色牛仔面料腰带的装饰打破着装的平淡

图4-32　重复与简约

(二) 效果法

　　效果法是指从设计元素的应用效果上进行考量的方法,主要分为强调与弱化两种手段。强调是指某些设计元素经过量态的夸张处理,使其在产品的设计元素群中占有突出地位。弱化是指对某些设计元素进行量态上的低调处理,使其在产品的设计元素群中处于从属地位。一些设计元素被用于产品设计后,由于和其他设计元素组合的效果不理想,或者某些设计元素初始风格不够明显或过于抢眼,无法达到预期风格时,必须对其进行强调或弱化处理(图4-33)。

简析:
A. 极度夸张的牛角形头饰与贴体的连衣裙形成强烈对比,抛光的质感和高亮的色彩更加突出了头饰的效果
B. 外套采用豹纹图案,半身裙采用格纹图案,通过降低图案的对比度,弱化了纹样的繁复感

图4-33　强调与弱化

(三) 部件法

部件法是指从设计元素的应用部件上进行考量的方法,主要分为完整与割裂两种手段。完整是指在产品中保持设计元素造型上的完整性,具有完整的、可辨的、直接的观感。割裂是指把设计元素的造型进行分割支离,将其中一部分运用在产品中,具有零碎的、变异的、抽象的观感。为了达到保持设计元素原有风格的目的,在设计中可以使用原来设计元素的完整状态。如果为了使原来的设计元素在辨认上不过分直接,则可以对其分割,选择需要的部分(图4-34)。

简析:
A. 将超现实生物形态转化为精美的印花图案,玫瑰与果冻的图案为服装注入了新的艺术元素,使得服装辨识性提高
B. 一幅原本完整的风景图像被分割解构后运用在连体衣上,割裂了原来题材的直观性,增加了设计的思想性

图4-34 完整与割裂

(四) 状态法

状态法是指从设计元素的应用状态上进行考量的方法,主要分为原型与变异两种手段。原型是指利用设计元素的原来状态,不作任何性质和形态上的变化,仅作量态的适衣性调整,具有直观、模拟的效果。变异是指将设计元素的原来状态进行性质或形态的改变后,再进行量态的调整,具有多变、新颖的效果。直接利用设计元素的原型是大部分情况下使用的方法,简单明了。有时,为了突出品牌的个性,或者是追求某些个性化视觉效果,可以对设计元素的原型进行变异处理(图4-35)。

简析:
A. 采用豹纹原型作为图案卖点,令普通的背心增加了野性和阳刚的感觉
B. 以原始图腾为原型,对造型和色彩的重塑和改造,结合印花工艺,让该图案有了图腾的神秘意味

图4-35 原型与变异

(五) 位置法

位置法是指从设计元素的应用位置上进行考量的方法，主要分为秩序与错位两种手段。秩序是指对设计元素按照常规方式使用，具有中庸的、保守的风格特征。错位是指设计元素按照非常规方式排列，具有前卫的、异类的风格特征。例如，原来分列左右两侧的衬衣口袋移至一侧并列或重叠使用，原来的前开式领型移至侧开或后开位置等。错位也指原来设计元素应用部位的改变，例如，领型经过变异处理后转移并倒置于裙摆处，衣片因设计需要而不正常隆起或塌陷等（图4-36）。

简析：
A. 等距等宽的条纹是表现服装秩序的常见形式，但也往往给人呆板和保守的感觉
B. 这套高级成衣造型夸张，衣领和衣身均做了放大设计，将口袋变异转化为服装主体，充满了趣味性

图4-36　秩序与错位

(六) 加减法

加减法是指从设计元素的形态增减上进行考量的方法，主要分为复加与减缺两种手段。复加即通常所说的做加法，是指在设计元素的原型上添加或点缀具有其他性质的设计元素，使之成为新的集合元素。当原来选择的设计元素过于简单时，可以考虑采取复加手段，改变原有设计元素的性质。例如，在一块平淡的素色面料上做了印花处理后仍然感觉不够丰富时，可以在花型的恰当部位再作珠绣或镂空等处理。减缺即通常所说的做减法，是指在设计元素的原型上减去或削弱部分原有设计元素的特征，使其产生性质上的变化，朝着模糊化、微弱化、少量化的方向靠拢（图4-37）。

简析：
A. 连衣裙以佩利斯纹样为设计要点，为了增加图案的层次性，在部分花朵上还通过珠片绣花的方式进行附加装饰
B. 为了使服装更加简洁、商务化，在原本简单的H造型上进行进一步简化，省略了一切装饰纹样

图4-37　复加与减缺

三、设计元素的风格结合与转换

无论前卫元素、经典元素或冷僻元素，还是流行元素、常规元素或蜕化元素，它们的界线有些比较清晰，有些则相对模糊，而且可以根据一定条件出现风格的结合与转换。如果把设计元素的风格倾向分为强、中、弱三档，并且假设其他构成条件不变，则会出现以下三大类情况。通过对这些情况的理解，可以在一定程度上把控设计风格的强弱效果。

(一) 相同风格设计元素结合的变化

在相同风格倾向的设计元素范围内结合的设计元素，发生的变化是增强或减弱原有风格，但是不会发生风格朝相反方向转移，好比土黄和淡黄同属黄色系，结合后还是黄色，变化范围有限（图 4-38）。

A. 强强结合
B. 强中结合
C. 强弱结合
D. 中中结合
E. 中弱结合
F. 弱弱结合

增强

简析：
A. 上衣的款式和色彩均表现出强烈的轻快风格，使这款服装的轻快风格得到了强化
B. 色彩已足够轻快，造型的轻快比 A 款略为逊色，强中结合表现出明显的轻快风格特征
C. 在明显的休闲风格元素中难找女装造型特征，整体风格在休闲和中性间摇摆
D. 上衣的款式前卫，内搭连衣裙优雅，整体服装搭配是前卫与优雅的混合物，模糊结合的结果降低了原物的风格属性
E. 吊带裙造型之优雅尚为清晰，搭配了运动短袖，整体风格在优雅与运动间徘徊
F. 即使将此款式归类在最接近的休闲风格内，其造型特征依旧模糊，面料特征一般，风格特征大大降低

图 4-38　相同风格设计元素结合的变化情况

(二) 相似风格设计元素结合的变化

在现有风格中,有些风格比较对立,有些风格却比较接近,两种相似的风格结合一般仍然会朝着原有风格的方向变化,显示的风格倾向比较统一、清晰,但原有风格有所减弱(图 4-39)。

强强结合
强中结合
强弱结合
中中结合
中弱结合
弱弱结合

鲜明

简析:
A. 衣身造型带有明显的经典与前卫的复合,装饰是绝对前卫的,整款为极其前卫的套装
B. 民族与休闲比较相近,服装具有很强的休闲风格,装饰是民族味的,该款式显示出明显的休闲风格
C. 裤子是运动风格的,上装是休闲风格,整套服装为同色系的搭配,整体风格依然呈现休闲风格倾向
D. 薄纱、长裙属于优雅元素,而吊带背心带有轻快风格,这款服装是晚装还是便装?特点不甚明了
E. 上装和短裙分属不太明显的经典和休闲风格,相对较弱的设计元素组合成更受欢迎的"大众"风格
F. 休闲、前卫、优雅、经典,四种风格几乎各占一点,多种风格的设计元素的结合使得造型难定归属,夸张的肩部造型与千鸟格面料相映成趣

图 4-39　相似风格设计元素结合的变化情况

(三) 对立风格设计元素结合的变化

在不同风格倾向的设计元素范围内结合的设计元素,发生的变化是保留或转换原有风格。原来风格比较接近的,则风格转换不明显;原来风格是对立的,则风格向强势设计元素转移;如果双方都是强势或都是弱势的,那么结合以后的风格会出现混乱和模糊情况(图 4-40)。

A. 强强结合
B. 强中结合
C. 强弱结合
D. 中中结合
E. 中弱结合
F. 弱弱结合

混乱

简析：
A. 休闲风格和运动风格相去甚远，上装是典型的休闲风格，内搭连体衣是典型的运动风格，整体风格出现了混乱
B. 典型的民族风格一般比较传统，此款日本和式韵味的设计元素经过经典的设计手法处理，比 A 款和谐不少
C. 极其轻快的连衣裙配上了甚为前卫的肩部设计，这种混乱的整体风格也许是出于表演的需要，一般不会在店内配套出售
D. 除了上装具有明显的轻快风格以外，下装表现出比较显著的中性风格。这一强一弱两种比较对立的风格给日常穿着带来了空间
E. 抹胸连衣裙的优雅风格比较明显，但面料呈现出休闲风格，两种不太明显的对立风格设计元素的结合呈现出这种比较含糊的外观风格
F. 这件连衣裙的袖子、领子和配饰分别具有优雅、经典和前卫风格的某些特征，但整体风格归属哪类却颇为费神

图 4-40　对立风格设计元素结合的变化情况

　　两个设计元素结合的变化情况比较简单，两个以上的设计元素（尤其是对立设计元素）结合以后，其变化较为复杂，但是变化结果的总趋势相同。在同等条件下，类别不相同的设计元素结合情况与上述情况相似，如强前卫风格的造型加上强前卫风格的面料，结果会更强；强休闲风格的造型加上弱休闲风格的面料则会降低原有风格。类别越少，集合后的元素风格倾向越明显，反之则风格倾向越模糊。

第五章
品牌服装设计工作形式

　　品牌服装设计的工作形式对设计工作的结果有一定影响。 在开始下一个流行季的设计工作前，如果希望下季产品在设计上有所突破，尤其是希望重新定位品牌的话，应该慎重确定一种更为有效的工作形式。 这是因为，原套设计人员的思维和行为短时间内一般不会发生很大变化，其思维和行为的结果也不会有多大改观。 在当前市场竞争激烈的情况下，众多企业纷纷更换工作思路，谋求品牌新的发展，设计工作的形式也被放到议事日程上来。 任何一种形式都利弊同在，为了便于比较和选择合适的工作形式，本章对当前一些主要设计工作形式分别归纳三个主要的优缺点和操作要点。

第一节　设计工作团队的人才结构

一、设计工作团队的存在形式

(一)企业设计团队

　　企业设计团队是指设计人员的人事关系归属于该企业的设计团队。目前,大部分服装企业依靠自己的设计部门完成产品开发。对企业来说,使用内部人员的最大好处是后者比较熟悉企业情况,各部门的空间距离较近,方便及时沟通,人员的直接成本也较低。因为双方是雇佣关系,大部分设计人员都比较顺从上级的意志,甚至竭力隐瞒自己的不同意见。这一现象的弊端是,听不到反对意见的经营者容易盲目从事,发生判断错误。

　　品牌的发展往往呈阶段性特征,每个阶段对设计人才的要求各不相同,呈水涨船高的态势。一般来说,设计人才的专业水平与品牌质素的关系应该是"前高后低"的关系,即前者的水准要比后者的水准高,才能带动品牌的发展。设计师水准与品牌水准的匹配很重要,过于悬殊的差距会使双方都无所适从。如果品牌水准太低,设计师会感到"英雄无用武之地",如果设计师水准太低,企业会感到"小马拉大车"。因此,品牌发展到一定阶段,就应该对设计师提出更高的要求,要么设计师通过自身努力提高自己的专业水平适应品牌发展的需要,要么企业通过招聘高水平设计师或委托外部设计力量带动品牌的发展(图5-1)。

图5-1　某公司的服装设计工作团队

(二) 院校设计团队

院校设计团队是指设计人员的人事关系归属于学校院所的设计团队。置身于国内高等院校的设计师是一支被称为"学院派设计师"的设计队伍。国内服装专业高等教育开始于20世纪80年代初期,以前大部分"学院派设计师"从美术设计专业改行而来,经过40多年的专业实践和锻炼,院校设计师的力量和经验在不断积累和丰富,特别是一些地处服装产业比较发达地区的高等院校,走向市场、服务企业的意识与日俱增,有些院校甚至成立了面向企业的设计中心,企业委托院校设计的成功案例日渐增多,呈现出应用学科产、学、研结合的办学趋势。

"学院派设计师"有得天独厚的优势。首先是人才优势。院校的专业教师和学生人数众多,为设计队伍源源不断地提供专业人才;其次是信息优势。院校通过多种渠道和形式的国际国内合作与交流,拥有先进的信息资源,对各企业的情况比较熟悉;再次是成本较低。院校通常以项目合作的方式为企业服务,其项目预算不是以纯粹的商业模式进行,许多支出内容,如办公场所、打样设备等都是利用学校现有条件而不计入成本,项目经费自然比社会上的商业化设计机构低得多。另外,我国品牌发展的现状为院校提供了很多合作机会,院校的设计中心对企业情况比较熟悉,规模较大的设计中心向专业化和综合化设计机构发展(图5-2)。

图5-2　近年来,服装院校的设计力量在社会上取得了不俗的表现,成为业内不可忽视的设计团队。图为东华大学服装学院服装研究中心的一次参展现场

(三) 机构设计团队

机构设计团队是指完全以商业化模式独立运作的设计团队。社会上独立的服装设计专业机构是营利性设计组织,分为国内设计机构和国外设计机构两种。从人员及场地等条件上看,规模小的称为设计工作室,规模大的称为设计公司或设计中心。

国内设计机构通常由设计师个人开设,或以设计师名义,由其他投资人注资开设。目前,一些专业投资机构也会看好某些有发展前途的设计师,控股或参与设计机构的投资。国内设计机构是一个新生事物,近年来发展相当迅速,相对国外设计机构而言,这些机构利用人脉资源和成本优势,承担企业的设计外包任务。

国外设计机构可以细分为两种，一种是在国内开设的派驻设计师的国外设计机构分支；一种是在国内仅有代理人的国外设计机构。相对国内设计机构而言，他们都看好中国服装设计市场，希望在中国发展业务，其行业经验比较丰富，工作品质具有相当高度。其缺点是本土化不够，不能深刻理解中国文化和消费习惯，与本土企业磨合困难，企业必须配备翻译等相应人员。此外，他们的项目成本通常比国内设计机构的高出数倍，使得一般企业不愿意承担如此高昂的费用(图 5-3)。

图 5-3　某国外工业造型设计工作团队

二、 设计工作团队的内部结构

(一) 工作分配

1. 总监

设计总监是设计团队的指挥，其主要职责是提出总体要求，控制设计方向，调动工作资源，把握最终结果。

2. 策划

策划人员是设计团队的军师，其主要职责是明确工作思路，发现新的点子，提出策划方案，安排时间节点。

3. 文案

文案人员是设计团队的参谋，其主要职责是收集整理资料，制作方案文件，管理业务档案，担当后台智囊。

4. 调研

调研人员是设计团队的先锋，其主要职责是摸清未知情况，探明对象虚实，完成市场分析，提出参考建议。

5. 设计

设计人员是设计团队的主力，其主要职责是整合设计元素，提出设计方案，完成设计画稿，监督样品制作。

6. 采购

采购人员是设计团队的后勤,其主要职责是收集材料信息,提供材料样品,联络供应单位,负责配件试制。

（二）岗位职能

1. 团队运营岗位

团队运营岗位主要由品牌经理、经理助理等人员组成。品牌经理是整个团队在行政上的领头人,担负着整个团队的日常经营与管理的任务,负责团队发展、人事安排、经费使用、业务接洽等工作。经理助理是配合品牌经理的工作助手,承担日程安排、文件管理、客户联络等工作。对于独立设计机构来说,品牌经理就是企业经理;对于企业下属的设计部门来说,品牌经理就是部门经理或主任。

2. 设计运营岗位

设计运营岗位主要由设计总监、主设计师、设计助理等人员组成。设计总监是整个设计团队在产品设计上的领头人,担负着设计团队的业务指导与落实的任务,负责设计管理、设计创意、质量监督等工作。主设计师是产品设计的主要力量,负责具体的流行分析与产品设计工作,设计助理是主设计师的工作助手,承担资料收集、初步款式、图形绘制等工作。

3. 技术运营岗位

技术运营岗位主要由技术总监、样板师、样衣师、工艺师等人员组成。技术总监是整个技术团队在生产技术上的领头人,担负着技术团队的业务分配与指导的任务,负责生产工艺的确定、生产任务的安排等工作。样板师是服装结构设计的主要力量,负责将设计画稿转化为服装样板等工作。样衣师是服装样品制作的技术人员,承担将服装样板转化为服装实物等工作。工艺师是编制生产工艺的技术人员,承担样品与产品的生产工艺转化等工作。

（三）学历结构

学历结构是一种基于不同教育背景的人才组织架构,教育背景包括毕业院校、所学专业、学制时间和学位证书等。设计团队应该由具有不同学历的专业人才组成,才能形成结构合理、配合默契、适应面广、战斗力强的人才队伍。虽然教育背景在一定程度上可以表明人才的专业水平,但是,实际工作能力和长期工作经验是做好设计工作的重要条件,因此,教育背景只能成为人才参考标准之一,聘用单位注重的是设计师的能力而不是其学历。

目前,服装设计专业教育学历由低到高可分为中专学历、大专学历、本科学历、研究生学历(图5-4)。一般来说,中专学历教育注重一线生产的技能性操作能力;大专学历教育注重在理论教育的同时,加强动手操作能力的培养;本科学历教育以系统理论知识为主,兼顾实践实验环节;研究生学历教育以研究方向细分,培养发现问题和解决问题的能力。

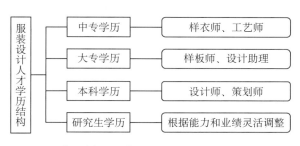

图5-4 服装设计相关人才学历结构

因此,在根据学历结构组织设计团队时,样衣师、工艺师等岗位主要由中专毕业生担任,样板师、设计助理等岗位主要由大专毕业生担任,设计师、策划师等岗位主要由本科生毕业生或硕士毕业生担任。经过一段时间的工作,企业将根据人才的实际工作能力和工作业绩进行工作岗位的调整,让各类人才发挥最大的工作效应。

如果将院校设计师称为"学院派设计师",那么,企业培养的设计师就可以称为"市场派设计师"。其实,目前两者差异已经很小,院校设计师往往通过校企合作项目,在企业里面承担设计任务,对市场情况了如指掌;在企业担任设计师的大部分人员都接受过院校专业教育,所不同的只是学历的高低和学校的不同。

三、 设计制度及其特点

(一) 设计总监制

设计总监制是指在设计总监领导下完成设计任务的工作制度。设计总监又称创意总监,其主要职责是负责公司所属品牌在品牌形象和产品风格上的整体控制。设计总监制更多地强调设计部门参与品牌策划,强调设计总监的个人作用,是所有设计制度中设计部门权力最大的一种设计制度,常被拥有多个品牌并且非常重视设计工作的大公司所采用。有时,设计总监在企业内部的地位相当于副总经理,其工作权限超越设计部门之外,参与企业内部管理或企业重大决策,甚至还是品牌的公众形象之一。

在工作过程中,设计总监提出品牌设计理念,确定设计的总目标、总要求和总风格,负责设计方案的确认工作,提出方向性整改意见。有些企业会给设计总监配备首席设计师及其下属,有些则由设计总监直接领导设计师开展工作。

(二) 首席设计师制

首席设计师制是指由首席设计师带领其下属设计师完成设计任务的工作制度。首席设计师负责公司所属品牌在品牌风格和产品风格上的整体控制,常为拥有众多设计师的大公司采用。首席设计师在公司所有设计师中的地位最高,负责分配其他设计师的工作任务和日常设计管理工作。有时,首席设计师会配备数个设计师或助理设计师一起负责一个品牌的具体的设计工作,其工作权限一般不超出设计部门。

首席设计师的工作内容类似设计总监,但其在公司的权限不如设计总监大,承担的设计工作比设计总监更为具体。有些企业将首席设计师称为总设计师,其工作内容和工作权限与首席设计师基本一致。

(三) 品牌设计师制

品牌设计师制是指以某个品牌为核心而组织设计师完成设计任务的工作制度。在拥有多个品牌的企业里面,每一个品牌配有专人负责设计工作,使设计工作具有连续性和专一性,保障设计风格的稳定。企业将根据设计师的个人特质,指定其为某个品牌的专职设计师。如果该企业没有设计总监或首席设计师,品牌设计师的工作直接对部门经理负责。

根据工作量的大小,每个品牌的设计工作既可以由一个设计师负责,也可以由多位设计师共同承担。如果有多位设计师协同工作,则其中有一位将承担类似首席设计师的职位,领导其他设计师或设计助理开展工作。

(四) 产品设计师制

产品设计师制是指根据某类产品的属性而组织设计师完成设计任务的工作制度。产品设计师以其对该类产品特有的悟性和专长,专门负责某类产品的设计。这种设计制度一般在单一品牌的企业内执行。通常按面料属性分为针织产品设计师和梭织产品设计师,也可按产品大类分为运动装设计师、休闲装设计师等(图5-5)。

虽然产品设计师制将设计工作更加细分,让设计师的技能更为娴熟,设计内容更为专一,但是,久而久之,产品设计师将得不到全面锻炼。如果产品设计师制没有配备设计领头人物,产品风格也因其只熟悉某类产品而各行其是，不易统一。

图5-5　NIKE设计团队由不同专业领域的艺术家、发明家及专家构成，包括颜色及材料专家及服装、鞋类和平面设计师等

(五) 季节设计师制

季节设计师制是指按照产品上市季节划分设计工作内容的工作制度。在企业内部按照产品的上市季节，由专人完成某个季节全部产品的设计。每个设计师都有一定的专长，有些设计师对某个流行季节的产品特别有悟性，擅于处理该季产品。比如，有些设计师特别擅长冬装的设计，对夏装的设计却表现平平。

一般来说，这种设计制度应该配有能够把握整个品牌总体设计风格的设计总监或首席设计师，控制产品结构、设计风格、元素配置和设计品质。否则，有可能会出现因设计师个人理解分散而导致产品设计与预期效果差异过大的弊端。

(六) 兼职设计师制

兼职设计师制是指根据设计人员工作时间特点而安排设计任务的工作制度。有些企业为了紧缩设计开支或引进新的设计思路，聘请其他企业的设计师或自由设计师以弹性工作时间的方式担当设计任务，也有一些企业经常有突击性设计任务而需要聘请兼职设计师，比如，制服企业经常面临突击性设计任务，聘请兼职设计师既可以节省设计成本，又可以按时完成任务。

专门做兼职的自由设计师由于经常流动于企业之间，见多识广，可以为企业带来新的信息和新的思路。因此，兼职设计师制具有很大的灵活性，非常适合小型服装企业采用，其缺点是由于这些设计师不是坐班制，不能随时随地地与企业其他工作环节做面对面的沟通。

(七) 顾问设计师制

顾问设计师制是指聘请业内有一定名望的资深设计师担任企业设计顾问的工作制度。设计顾问实际参与企业设计工作的时间较少,其工作形式类似于比较松散的兼职设计师制。聘请设计顾问的目的,不是为了让设计顾问亲自操刀,而是要利用其丰富的设计经验和社会影响,带动企业内部的产品开发水平。

这种设计制度更注重社会效应,可以利用设计顾问的社会资源为品牌服务,也能利用其社会知名度为品牌做宣传。有时,企业也会邀请设计顾问参与品牌定位等问题的讨论,这种方式比聘请专职设计总监要经济得多。

第二节　由设计主体决定的设计工作形式

一、自主设计

自主设计是指由企业调动本企业内所有相关部门,自主完成全部产品的开发设计任务。产品企划可以由企划部门负责完成,产品设计则以设计部门为主,在其他部门的协同下,在规定的时间内完成规定的工作任务。目前,国内大部分内销服装企业都以自主设计的形式完成产品开发。

(一) 自主设计的优点

1. 提高企业自主设计能力

大部分服装企业都希望自己拥有强势的独立开发产品的能力,既能增强品牌竞争力,可以完全执行企业制定的品牌路线;又能摆脱对外界的依赖,使产品开发工作不受外界环境改变的影响。在相当长的时间内,坚持不懈地进行独立自主的产品开发,对提高品牌的整体实力非常有益。

2. 便于控制设计全部过程

自主设计工作全部是在本企业内部完成的,企业可以方便地控制设计工作的全部过程。设计工作耗费时间长,配合环节多,难免会出现一些意料之外的问题。一旦出现这种情况,自主设计可以因为工作场地和工作人员的相对集中而及时解决问题。此外,由于企业内部人员比较熟悉,也能提高沟通的效率。

3. 节约设计人员支出成本

由于自主设计的全部人员都是企业聘用的员工,在人员支出方面比外包设计节省,可以降低设计工作的工资成本。值得注意的是,虽然自主设计的工资成本降低了,其他成本却照常发生,如设备、材料、场地的购置、租赁或折旧,这些成本往往因为不太显眼而被忽略。如果委托外包设计,那么这些成本可以转嫁给受委托单位,当然,后者会在项目报价中纳入此类成本。

(二) 自主设计的缺点

1. 设计思维受到相对局限

相对专业设计机构而言,服装企业内部的设计部门往往是长期效力于本企业的设计人员,他们接触其他品牌的机会不多,对自己服务的品牌缺乏新鲜感,久而久之,将可能造成设计思维受限、技术手段单一和产品审美疲劳的结果,对品牌的创新极为不利。

2. 可供设计利用资源不多

作为一家服装企业,尤其是小型服装企业,不可能经常性地耗费巨资添置专业图书、流行资料等设计资源。企业因为经营产品大类局限,材料供应商等配套环节也往往局限在比较有限的范围内,难以大量获取最新的行业信息;设计师则因为"巧妇难为无米之炊"而发挥的空间不大,从而影响最终效果。

3. 设计人才管理比较困难

由于企业高层管理人员一般不是设计师出身,设计工作看似散漫的特点使得大部分服装企业都感觉到设计人才的管理是一个令人棘手的难题。虽然企业可以随时召唤其下属设计师,但是这种表面上的服从并不能表明其工作质量。企业自己培养设计师则见效甚慢,而设计人才流动性强的特点使一些企业不愿意在此方面多花成本。

(三) 操作的要点

1. 尊重设计工作特点

相对于服装产业发达的国家而言,我国服装企业普遍存在设计投入所占销售收入的比例偏小、总额偏低的情况。设计是产品开发的必需,过少的投入不利于设计品质的提高。企业应该对设计工作特点有一个理性认识,重视设计工作的质量,开发设计师的潜能,采用人性化管理,健全激发工作热情机制,创造有利于提高设计品质的宽松便利的工作环境。

2. 提高市场调研效率

一些企业因为担心市场调研成为变相的放假游玩而严格控制。在实践中,确实有少数设计师缺少敬业精神,钻企业管理漏洞而满足私利。但是,市场调研是对目标品牌知己知彼的摸排,对掌握市场一手资料极为重要,不能因噎废食。应该在相信设计师职业道德的同时,建立撰写规范的市场调研报告等监管制度,杜绝不良行为发生(图5-6)。

图5-6　快时尚品牌URBAN REVIVO与知衣科技合作,通过使用AI数据行业洞察与智能报表的功能,提高市场调研效率

3. 及时更新专业知识

　　企业应该有计划地培训本企业设计师的业务能力，克服思维局限等弊端。服装产业发展变化很快，知识需要及时更新，再有经验的设计师也必须吸收最新知识。目前，国内各类培训班应有尽有，有条件的企业也可以聘请专业培训机构，根据本企业的实际情况量身定制培训计划，定时完成设计师再学习计划，做到"磨刀不误砍柴工"（图5-7）。

图5-7　国内某服装色彩设计培训机构的课程练习

> **■ 案例**
>
> 　　国内某服装企业拥有一个国内著名的休闲装品牌，并于2008年实行企业的多品牌战略。在品牌事业如日中天之际，虽然从数量上看，其设计队伍人才济济，但从知识结构来看，企业深感设计队伍的知识老化。在接下来的产品设计中，企业仍然希望以自己的设计团队作为设计主体，但也意识到必须提高这支设计队伍的专业眼界。于是，企业高级管理层做出决定：以服装专业知识为基石，以服装营销实务为主线，打造高质量的产品开发平台。
>
> 　　为此，该企业特别委托国内以服装教育为主要特色之一的东华大学专门设计了包括20多门课程的系列培训计划，要求所有中层以上干部必须参加轮训，并严格考核制度，每个学员在一年半的时间里，利用每周一个整天进行专业知识和业务技能的培训。

二、外包设计

　　外包设计也叫委托设计，是指企业将设计任务全部打包，委托外部专业设计机构完成。这些设计机构包括设计公司、设计院校、设计工作室、品牌咨询公司、自由设计师等。有些企业感觉到自身设计力量不足，甚至干脆没有自己的设计力量，希望借助外力推动和完成产品开发，就可选择外包设计的方式完成设计工作。目前，这种方式正越来越受到企业的重视，专门为它们服务的设计机构也应运而生,甚至吸引了一批境外设计机构相继在国内开设分支机构。这是当今社会分工细化的结果,符合时尚产业发展规律(图5-8)。

图5-8　国内某制服委托设计网站

(一) 外包设计的优点

1. 利用社会分工省时省力

从事品牌服装经营是一项繁琐的工作,牵涉到供应商、制造商、物流商、零售商等方方面面,还有一大堆应付社会管理部门和企业内部管理的日常或突发事务。通过增加人员的做法来解决这些问题,对于小规模服装企业而言将不堪重负,聘请专业设计机构可以让企业腾出精力做好其他工作,令企业头疼的设计管理工作也可以转交给这些设计机构。

2. 运用外脑实现思维转换

专业设计机构在行业内的服务对象广泛,品牌见多识广,可以为委托企业带来值得借鉴的其他企业品牌内部信息,获得情理之中、意料之外的最佳结果。外包设计可以对本企业设计人员产生一定的工作危机感,企业应利用外脑促进本企业设计人员的思维转换,使之成为本企业设计师的前进动力。

3. 促进提高自主设计能力

专业设计机构的设计工作专业化程度高,工作质量上乘,对自身设计力量信心不足的企业可以通过与专业设计机构的数次合作,以虚心取经的心态,把专业设计机构的工作程序和管理模式作为学习和模仿的对象,掌握其方式方法,提高自主设计能力,逐渐形成适合本企业特点的产品开发模式。这也是另一种形式的业务培训。

为了参加国内一家大型航空公司的制服投标,内地某著名制服公司在感到自己的设计力量不足的情况下,委托一家在业内具有相当实力的专业设计中心完成该项制服设计任务。具体做法是:制服公司负责与航空公司谈判,将设计要求总结成文,交付给与之签订了设计服务合同的设计中心完成设计。由于中标的因素非常复杂,除了技术因素以外,还有很重要的人脉因素,一些意外的非专业因素有可能改变最终结局。因此,在项目开始之初,制服公司统一了思想,以"即使不中标也能够通过学习别人的做法提高本公司设计能力"的平和心态,观察其设计过程和结果,通过多次沟通,制服公司获得了设计中心提供的今后可以指导其业务的完整的设计思路和工作程序,对设计结果非常满意,达到了预期目的。

(二) 外包设计的缺点
1. 思路各异难以达成共识
设计机构经营的是思维产品,服装公司经营的是实物产品。由于双方经营性质的不同,在对一些问题的看法上难免存在分歧。一般情况下,委托方比受托方的企业规模大,经济实力雄厚,双方处于供求关系,无形之中容易形成对话平台的不对称。特别是一些因选错设计机构而有过失败教训的企业,其怀疑态度更甚,经常会因为没法达成共识而使良好的合作愿望最终成为泡影。

2. 知识劳动价值不易体现
与服装公司支付给本企业设计人员的工资相比,外包设计的项目费用偏高。前者往往忽略了本企业在设计方面的其他投入,如设计资源的添置、房屋和设备的折旧等隐形成本。不仅如此,有些企业甚至会曲解知识劳动的价值,以普通劳动力的标准计算外包项目成本。在实践中,委托方可能会以甲方自居,无休止地提出方案修改要求,受托方可能会因此原因而造成合同延误。

3. 缺乏验收标准易于扯皮
设计项目是一种没有统一标准可以验收衡量的软课题。设计只是一个预想,其最终实现的结果与企业是否具备优良的执行力有关。比如,同一个设计方案交给十个执行团队去执行,就会得到十种结果。其中,只有执行力最强的团队,才能得到最好的执行结果。当执行结果没有达到企业预期目的时,双方容易发生扯皮现象,由于目前商业道德尚不规范,缺乏专门法律条款约束,随便一个瑕疵即可成为委托方拒付余款的理由。

D品牌是国内著名的内衣品牌,多年来的市场销售萎缩迫使该公司打算委托高等院校的专业设计机构为其诊断症结所在。经过初步沟通,后者发现该品牌没有专属的品牌视觉化元素而导致产品混乱,缺乏主线,产品规格因为市场定位不明而忽大忽小,款式和图案设计等产品开发工作完全处于初级的碰运气阶段。针对这两个瓶颈问题,双方达成初步意向,由受托方为委托方展开建立人体规格数据库和品牌视觉化设计元素两个项目的研究。然而,委托方在项目预算的审核中锱铢必较,以该公司内部人员的出差标准衡量,甚至连调研人员乘什么票价的车、住什么价格的旅馆和吃什么标准的盒饭也算得一清二楚,至于项目人员对测量数据分析、品牌前沿研究等知识劳动的价值则毫不考虑,并且提出按照他们自己制定的所谓验收标准验收项目,合格之后才付余款的要求。这样的要求显然为今后的扯皮埋下了伏笔。因此,谈判就此搁浅。

(三) 操作的要点
1. 选择信誉卓著机构

每个设计机构都有自己的专长和弱项,真正的全能型设计机构几乎是不存在的,因此,在决定外包设计之前,服装企业应该尽可能地了解设计机构的专业素质和以往业绩,对企划、设计、男装、女装等成功案例进行充分比较后再做出选择。设计机构的项目报价参差不齐,但不是报价最高或最低的设计机构就能说明其水平最高或最低,关键要点是聘用值得信任的合适的机构。一般情况下,由于成本开支的不同,院校设计机构比社会设计机构报价低。

2. 双方制定合理的规则

一旦确定了意欲委托的设计机构,就应该根据双方的实际情况,签订详细的服务合同,明确各自的责任、权利和义务,确保外包计划的顺利进行。签订合同时,双方应该在时间节点、任务要求、递交形式、完成数量、付款方式和违约责任等方面逐条逐字地仔细斟酌。随意的许诺或事先的大度都是职业性不强的表现,粗糙的文本往往成为任务执行过程中的隐患,更是验收最终结果的障碍。

3. 经常保持沟通交流

由于设计项目对设计品质的衡量缺乏有效的评价体系,及时地、阶段性地沟通和检查项目进度和完成质量非常重要,不能等出现了问题,更不能已成定局后才去寻找责任。否则,即使责任分清了,对企业来说,改变的时机已经错过了。外包设计最重要的是设计任务中的时间、数量和质量的关系,尽可能地量化这种关系,是可以在一定程度上保证项目顺利实施和验收的主要依据。

三、合作设计

合作设计也叫联合设计,是指服装企业和设计机构双方或多方协作,联合开展设计工作。合作设计与外包设计最大的不同是前者的设计部门必须参与设计工作,而不是袖手旁观,否则,合作设计就演化为变相的外包设计。只有双方利益与风险共担,将设计机构的利益与执行结果挂钩,采用固定费用与销售提成结合等方式结算其收入,才能体现合作设计的应有价值(图5-9)。

(一) 合作设计的优点
1. 以他方之长补己方之短

合作设计可以使双方设计人员面对面直接交流,通过思维碰撞,开阔专业视野。在设计资源的利用上互通有无,并且可以发挥各自的特长,相互取长补短。由于设计机构对企业原来的人际关系和工作衔接环节不甚了解,针对发现的问题可能会提出比较大胆而客观的意见,体现了"外来和尚好念经"的特点,可以解决一些企业内部诸如因人际关系紧张而造成工作效率低下等顽症。

图 5-9　国内某服装设计机构团队由经验丰富的设计师和行业专家组成,为服装企业提供合作设计服务,双方共同打造出独具匠心的服装品牌

2. 双方利益捆绑减少风险

由于双方的合作建立在共同的利益基础上,相互督促、风险共担、加强了各自的责任心。对于专业能力和职业精神欠佳的设计机构来说,可能会因为对利益捆绑的做法信心不足而放弃合作。换个角度来看,这反而保障了品牌的利益,避免其因为个别设计机构的失误而蒙受损失。相对于外包设计而言,合作设计形式使双方更容易处于平等的对话平台,可以及时预防理解性和方向性错误,做到工作过程的实时监控。

3. 互通有无实现资源共享

一般来说,设计机构擅长合作设计的中期工作,服装企业拥有较强的技术力量,更擅长后期工作。虽然有些设计机构也可以提供样板设计和样衣制作服务,但是,由于此类业务对设计机构而言成本较高,附加值偏低,设计机构即使承揽了此类业务,通常也是委托外单位完成。因此,样衣制作之类工作可由企业完成,既能及时快速地看到效果,又能在这个经常遇到问题的环节上及时磋商和改正。

(二) 合作设计的缺点

1. 工作背景不同磨合困难

长期在服装企业或在设计机构从事设计工作,其工作的环境、状态、方法、习惯会有比较大的差异。这种差异表现为双方对同一事物的认识及其行为出现偏差,严重时会因为误解而产生相互轻视或配合困难的现象。特别是首次合作,双方会感到无所适从,容易出现无序、混乱和效率低下的弊端。另外,设计机构的介入会使企业原班人马产生危机感,生怕自己的职位动摇,由此而导致表面上的附和与实质性的抵触,使得设计工作不能纳入正常轨道。

2. 综合投入成本未减反增

如果把包括样衣制作等全部工作都采用外包设计，其结果是企业设计部门的萎缩乃至取消。然而，由于合作设计形式中的许多工作仍然要留给企业完成，需要企业相关职能部门的存在，无形中增加了工作成本。在原来投入没太减少的情况下，又增加了对合作机构的投入，对于市场销售规模不大的企业，这些成本将难以消化。因此，如果不是出于其他目的的考虑的话，在设计品质可以得到保证的前提下，外包设计比合作设计更经济有效。

3. 沟通环节耗费时间增加

由于合作之初双方了解甚少，或者对对方的表达方式感到生疏，短时间内难以做到对诸如品牌理念之类起始意图的心领神会。因此，合作设计形式特别需要双方加强沟通，需要经常召开碰头会，讨论合作过程中遇到的问题。即使双方在同一个城市，但是毕竟身处两个工作区域，不利于经常性会晤。虽然利用网络召开视频会议也是一种有效沟通方式，但效果不及线下会议。所以，合作设计的总耗时要比自主设计或外包设计更长。

（三）操作的要点

1. 加强沟通增进了解

在商谈合作之前，双方都应该事先了解对方的信誉、能力以及工作方式，这是双方在同样的平台上以同样的努力完成同样的任务的合作基础，沟通的频率将比外包设计高。另外，企业原班人马由危机感而产生的防御心理可能会转变为工作阻力，为合作目标的达成增加难度。所以，双方能以平等的专业地位，平心静气地交流，就可以克服沟通困难，建立信任，保证合作的顺利进行。

2. 明确目标积极配合

在签订合作协议之前，双方应该就合作的总目标认真磋商，把双方的力量看作是一个整体团队，以务实和负责的态度，商定操作步骤，根据各方特长明确分工，并且以任务书的形式确定下来，排出落实到人、精确到周的工作进度表，详细写清楚各方必须完成的工作内容。在实际操作过程中，应该以积极配合的态度，关注对方的进展，尽可能把自己需要与对方对接的工作做好，为对方提供方便。

3. 自我检查跟上进度

合作设计形式最容易出现的问题之一是工作脱节，表现为工作衔接中的时间脱节和质量脱节。尽管事先可以把时间节点安排得天衣无缝，但那只是一个理想状态，实践中会因为各种因素而出现衔接滞后，因此，要预留一定的调整时间。合作设计是在一个系统内的分工合作，一个合作周期可能需要半年乃至更长时间。各环节不能以"等、靠、要"的被动姿态对待工作，应该根据工作进程表进行自我检查和主动询问工作进展。

第三节 由品牌策略决定的设计工作形式

一、延续设计

延续设计是指在保持既定风格不变或变化有限的前提下进行产品开发，相对提升设计而言是一种比较保守的设计形式。当某个品牌在市场上的销售业绩表现突出，其销售量还有潜力可挖的情况下，可以采用延续设计的形式完成产品设计。品牌变脸承担着一定的风险，尤其对于小型品牌服装公司来说，其可投资金有限，抗风险能力有限，因此，尽管这些品牌的市场业绩优异，也不能激进地发展，可以利用相对稳定的延续设计形式，以风格已趋成熟的产品谋求市场业绩。

(一) 延续设计的优点

1. 参照业绩避免盲目开发

上个销售季节的业绩是下个销售季节的重要参照对象，如果将前者的情况完全抛开，进行"全新"设计，或将成为无本之木，给下个销售季节的市场业绩带来较大风险。产品开发不是平白无故的，上个销售季节的产品无论成功与失败，都可以有一个总结。延续品牌原来的设计套路，产品开发将变得驾轻就熟，有了前车之鉴就不易出现大的偏差（图5-10）。

图 5-10　Anine Bing 的产品开发专注于极简风格和闲适风情的有机融合

2. 抓住原有市场稳健拓展

品牌的市场拓展通常需要品牌经销商的配合，借助他们在当地商圈的人脉关系和资金实力，为品牌在异地打出一片天地。经销商一般都有比较丰富的市场经验，在自己熟悉的范围内，可以比较准确地判断产品的销路。为了维护品牌地位，企业一般不宜过于激进地拓展新市场，延续设计可以在较好地满足原有市场客户需求的同时，将潜在消费者开发出来（图5-11）。

3. 充分利用产品开发资源

延续设计是对原有设计套路的再次利用，对设计师来说应该是熟门熟路，无须将精力投入到新的设计资源的开发上，设计资源可以重复使用，设计成本也随之降低。因此，从节省设计成本上来说，延续设计是一个省时省力省钱的设计形式，也是产品的设计风格完全被市场认可的

图 5-11 Vivetta 品牌以年轻女性为客户群,推出的产品以甜美少女风格为主

著名品牌甚至是奢侈品品牌一贯采用的设计形式(图 5-12)。

图 5-12 Alexander McQueen 的设计风格延续了品牌文化中的浪漫与叛逆

1. 过于求稳将会错失良机

延续设计的缺点莫过于给市场留下品牌缺乏创新能力的印象。服装市场瞬息万变,消费者的时尚口味也在不断变化,延续设计这种"以不变应万变"的保守设计形式虽然稳当,倘若跟不上消费者需求变化的步伐,市场可能会逐渐萎缩,从而错过稍纵即逝的市场发展机会(图 5-13)。

图 5-13　2023 年夏天,社交媒体上兴起多巴胺穿搭,明亮色彩的服装产品成为了消费者的新需求,服装品牌在延续设计的基础上推出了彩色单品

2. 面貌陈旧缺乏应有活力

传统经典品牌因为拥有足够赖以维系的生存空间,延续设计或许是其发扬光大品牌既定风格的理由,但是,对于正在积极寻找机会的新生品牌来说,一般不宜过早地固化设计工作形式,可以通过新产品开发思路的转变而谋求新的品牌风格,探索最为适合自己的发展方向。

3. 安于现状缺少竞争能力

任何品牌都可以采取延续设计的产品开发策略。从某种意义上来说,延续设计是一种设计上的中庸之道,长期习惯于此道的设计人员虽然对该设计路数烂熟于胸,但是,安于现状的心态可能会出现工作拖沓、无所追求的"躺平"现象,长此以往,将造成设计思维低迷、品牌徘徊不前的结果。

(三) 操作的要点

1. 适度融合创新设计

为了避免延续设计的负面效应,不至于让市场对新产品产生过于似曾相识的感觉,延续设计可以是有限度和有创新的延续,思考的重点可以融合创新设计意识,适度活化品牌风格。根据原有品牌的既定理念,将原有风格可以接受的时尚潮流元素加入品牌的设计元素素材库,适时增加产品品类或有限拉长产品线,在产品表现上适度创新,塑造"原风格不变,微创新不断"的品牌形象(图5-14)。

图5-14　KIKO KOSTADINOV 品牌在原有工装风格的基础上,融入了柔美的色彩和女性化的款式设计

2. 重点提取成功元素

导致原来产品畅销的优点在哪里,是下一个销售季节产品开发的重要依据。应用设计方法中的调研法,对产品的现状进行调研,找到优点和缺点,加以改进,并发现希望点所在,总结成为指导下一个销售季节产品开发的依据,体现到即将推出的产品中去。在有些服装品牌中,这些依据往往比流行信息更重要,其使用比重甚至超过了对流行信息的使用,因为前者含有专属于该品牌的经验成分,而后者则往往是对市场流行倾向的泛泛而谈(图5-15)。

图5-15　Burberry 每年的新产品都延续着格纹设计元素

3. 提高忧患意识等级

忧患意识能够发现问题所在,及时预防可能存在的隐患,有助于品牌的健康成长。由于延续设计容易被看成是过去模式的简单重复,将因设计上的麻痹大意而导致设计品质的下降。对大多数品牌来说,品牌风格的不变是暂时的,变化是永恒的,品牌转型在所难免,忧患意识可以促成这种转型。在具体操作过程中,应该以品牌的既定目标为方向,变延续为一定程度上的"拓展",有意识地加入流行意识,对产品风格进行深度挖掘,追求品牌的更高境界(图5-16)。

图5-16 随着女性身体自信意识的崛起,Di Petsa品牌不断探索人与服装的联系,以"湿感"裙子凸显女性的体态

二、 提升设计

提升设计是指依据品牌原有的产品基础,配合企业的品牌转型需要而对产品开发做出较大的策略改变。品牌的提升设计包括产品提升、形象提升和行为提升等内容,其中以产品提升为重点。要实现产品提升,必须转变原来的产品设计工作形式。当原来的设计工作形式出现问题,或者品牌的发展提出更高要求时,提升设计的工作形式就被提上议事日程。

(一) 提升设计的优点

1. 用提升支持品牌的转型

品牌的转型离不开产品提升设计的支持,需要依靠提升后的产品实现企业的盈利目标。一般来说,品牌提升计划在理论上的产品利润空间较大,可以承担产品开发成本,企业的质素也可以随之同步提高。品牌发展到一定时期,随着市场占有率不断扩大或者完成了原始资本积累之后,企业再不提出转型的目标,就会止步不前。提升设计可以摆脱原来的产品设计模式,帮助品牌转型成功(图5-17)。

图5-17　国内某运动品牌 LN 从品牌 IP 出发,将中国传统文化元素融入设计中,品牌形象得到极大的提升,LN 也从运动品牌转型为国潮品牌

2. 有助摆脱低端市场侵轧

　　高端品牌因为具有良好的品牌信誉,产品利润相对丰厚。但是,由于服装产品缺少核心技术,容易被冒仿产品争抢市场份额,无法避免地陷入实际销售价格背离了正常价格体系的价格战,使得企业不堪重负。此时,品牌的重心应该转移到品牌的提升上来,可以一定程度地抵御或者跳出恶性价格战的重围,成为品牌服装市场的领跑者(图5-18)。

图5-18　机能服装品牌 Stone Island 自主研发各类科技面料,如 Heat Reactive 热感变色技术、Reflective 反光编织技术、Nylon Metal 金属技术、防水面料 Tela Stella 等

3. 提高素质应对高端挑战

　　高端市场具有更大的挑战性,对意欲进入的企业提出了更高的要求。一般来说,企业转型往往以品牌战略为出发点,围绕着提升品牌综合素质进行,排除转型最初的种种不适,直至最终进入高端市场。高端品牌的背后通常需要抗风险能力较强的规模型企业,提升设计的提出,迫使这些企业在各方面更加规范企业行为,以更高一级的要求,操作产品开发系统,对提高企业素质很有帮助。

(二) 提升设计的缺点

1. 缺少操作经验冒险性大

　　提升设计是设计思维及其工作方式的转型,如果提升等级过高,原班人马将因为缺乏操作同类品牌经验而形成行为脱节。拔苗助长式的品牌提升会使设计人员感到心有余而力不足,即使费尽全力,最终还是不能很好地按照品牌定位的要求完成设计任务,因此,提升设计带有一定的市场风险。如果一个品牌的定位发生了根本变革,比如,从一个高级成衣品牌一下子提升到奢侈品品牌的高度,此时的产品设计将因没有相关的实际经验而处于心中无数的状态,存在很大的市场风险,设计工作量也大大增加。

2. 卖场清盘处理损失严重

　　为了达到提升设计的目的,需要在新的销售季节开始之前撤下全部老产品,让所有卖场以全新的产品面貌展现在人们眼前,在品牌整体表现特别是产品表现上达到焕然一新的效果。清除以前的产品,对一些企业来说是一个不小的压力,如果这些产品全部抛售则亏损严重,逐步减价则周期过长,而且,卖场必须同步推出新的产品,导致经营的资金量增加。

3. 调研结果偏差误导提升

　　品牌提升的基础工作是市场调研,必须以正确的市场调研结果作为品牌提升的理由。如果市场调研不充分,调研结果就可能产生偏差或虚假,那么,在这样的基础上进行品牌提升,其结果不仅将丢失原来的市场份额,而且,提升后的品牌会因为缺乏市场依据而无人问津,陷入进退两难的尴尬境地。这是企业最不愿意看到的结果,也是许多意欲进行品牌提升的企业举棋不定的原因。

■ **案例**

　　L品牌以经营中高档成年妇女装著称,在全国拥有150余家专卖店,市场业绩稳定。在1999年,国内品牌服装企业纷纷热衷于推出二线品牌时,该公司也不甘落后,希望借助运用品牌提升战术,实现品牌升级战略。经过一番研究,该公司打算逐渐淘汰原来的成年女装品牌,最终把产品定位锁定在当时非常红火的少女装,希望在这条产品线成熟以后,再推出更高端的少女装品牌,以纯粹的少女装品牌形象确立公司的市场地位。随即,该公司全新注册了一个少女装商标,于当年秋冬季推向市场。然而,由于操作团队原班人马一贯擅长成年女装的开发,不熟悉少女装的运作规律,其产品给人的感觉似乎是"成年人穿的少女装"。尽管公司管理层意识到了这个问题,并且更换了设计师,但是,据经营者坦言,正是由于其不了解少女装的真正特性,才使得设计师及其他人员都无所适从。结果,在不到一年的时间里,该品牌终因市场销售业绩不佳而被打回原形,库存产品则卖了3年才算了结。

(三) 操作的要点

1. 确定新的目标品牌

进行品牌提升就一定会涉及品牌的重新定位,至少是对原来品牌定位进行较大幅度的修正。随着品牌的重新定位,原来的目标品牌也将退出视线,应该重新选定合适的目标品牌作为参照对象,制定相应的市场策略。在提升设计之前,必须事先规范设计程序,提高设计标准。通过高度提炼原来的设计元素——如果这些设计元素对提升设计还有帮助,则保留其中最为精华的部分;反之,则大幅度取消或完全抛弃——建立新的设计元素体系(图5-19)。

图5-19　B品牌摒弃多元化业务,专注于羽绒服业务,对标 Canada Goose 品牌,基于原有的设计元素推出新潮时尚产品

2. 寻找品牌提升理由

提升设计是在原有品牌的基础上提出更高的目标,包括改善现状和提高档次两层含义。在实践中,提升设计首先要在做好严谨规范的市场调研基础上,发现原有品牌需要提升的正确理由,探讨切合实际的提升目标。作为设计部门,应该把注意力集中在产品提升上,从产品的构成要素、设计风格、产品系列、设计元素到市场销售业绩,逐一分析原有产品在设计上的不足。切忌主观臆断,把原来的优点抹去(图5-20)。

3. 时刻注意市场反馈

服装行业信奉"市场是检验设计的唯一标准"。即使设计程序再严谨、设计方案再完整、设计表达再精美,没有经过市场检验的设计也不能算作成功的设计。设计工作因为具有艺术创作的某些特点而表现出一定的艺术行为特质,必须谨小慎微,切不可掉以轻心。以市场销售业绩作为衡量设计成败的准绳,最关键的难关是产品的第一次亮相,必须及时注意市场销售的反馈信息,尽最大可能在第一时间解决产品上市后可能出现的问题(图5-21)。

图 5-20　Lululemon 凭借瑜伽裤在运动服装市场走红，由于产品战略单一，消费群体扩张受限，该品牌结合市场现状重新进行品牌定位、进行品类创新

图 5-21　Gucci 每年春夏产品风格依据流行的变化会有不同的调整

第四节　由货品面貌决定的设计工作形式

一、全新设计

全新设计是相对整合设计而言的,是指为了在一个销售季节里推出的产品全部为新货品而开展的设计工作形式。有不少品牌在销售季节开始之际推出的产品往往是新旧混杂的产品,以应对旧品库存高企或新品备货不足之需。全新设计要求整盘货都是新设计的产品,尤其是新品牌,由于没有需要处理的库存产品,更需要通过全新设计,整出一盘完整的新货品。

(一) 全新设计的优点

1. 易于勾画品牌理想蓝图

对老品牌来说,全新设计是一个重整旗鼓、谋求改进的机会;对于新品牌来说,全新设计是一个闪亮登场、初展宏图的机会(图5-22);对于设计师来说,是一个施展才华、接受考验的机会。由于全新设计不需要考虑库存的处理,留给设计师自由发挥的空间大,使得设计操作变得更为流畅,可以比较完美地表现品牌风格。

图 5-22　2021年成立的女装品牌 Elena Velez 以非传统的金属加工和高级时装合成营造一种破败美感氛围

2. 步调一致跟进品牌战略

企业有各自的品牌战略,产品体系是品牌的重要组成部分之一,全新的产品体系更有助于品牌形象的塑造。随着市场以超乎人们想象的方式风云变幻，先前制定的品牌战略极有可能出现需要调整的情况。这不仅是企业内部战略发展的需要，也是市场等外部因素推动所致，全新设计方案相对更加得心应手。

3. 货品整齐终端形象良好

全新设计的结果是推出可给人留下鲜活、时尚印象的全新产品，如果线上线下都能配合全新产品，跟进网络店铺和实体店铺的改变，不管是销售平台方面还是消费者方面，将更能获得良好的终端形象。新一轮销售季节也是新产品实行新的定价政策的好机会，给抬高或降低价格提供了一个充分的理由（图5-23）。

图 5-23　Junya Watanabe 线下店铺推出的全新产品

(二) 全新设计的缺点

1. 缺少参照目标风险增大

如果没有一定的参照目标，无论是新品牌的全新产品设计，还是老品牌的全新产品设计，都有可能因为某类风格的产品从未面市而带有较大的市场风险，但同时也存在着对应的市场机遇。相对来说，在设计风格大变的前提下，老品牌采用全新设计工作形式将遭遇更大的市场风险。另外，由于全新产品设计是一项另起炉灶似的工作，其工作量相对较大。

2. 设计资源更换难度加大

丰富的设计资源是保证设计结果的重要条件，全新设计的形式可以以新的设计资源取代以前的设计资源。然而，开发新的设计资源毕竟需要一定的时间，与新的供应商有一个磨合期，对保质保量地及时完成到样品阶段，存在一定的风险。比如，新的面料供应商迟迟提供不了早已逾期的样品、新的辅料供应商无法按时试制出令人满意的辅料等。即使需方按照订货合同规定得到供方的违约赔偿，但是，由此而产生的空洞依然后果严重。

3. 产品配套资金占有量大

毫无疑问，任何事情都重新来过或从零开始，成本必然会增加。所有的产品，包括其他配套设施都是全新的话，需要大量资金去实现。虽然全新设计可以使品牌面貌焕然一新，但是，其承担的资金风险也相应增加。这个风险不仅是设计部分的开支，更主要的是设计所对应的大量的产品成本。因此，企业应该根据自己的实力和目标量力而行，选择最为合适的形式完成产品开发。

（三）操作的要点

1. 全面考虑整盘货品

对老品牌来说，销售业绩越好，库存越少，需要全新设计的可能性大；销售业绩不好，则精力可能会放在如何销售库存上，并不需要全新设计。全新设计的系统性强，除了搞好全部产品的架构，直到踏踏实实地做好样品之外，还要对处于纸面阶段的整盘"货品"像放电影一样，在脑海中反复放映，或借助 3D 设计软件，对货品的系列与色彩关系、卖场道具与陈列方式等进行虚拟展示，寻找可以改进之处（图 5-24）。

图 5-24　浙江理工大学推出的服装品牌零售终端陈列设计在线实验平台，在虚拟实验设备、备用实验物料支持下，按照品牌销售定位，完成服装品牌零售终端的空间规划、商品配置、陈列仓位设计、整体色彩搭配、橱窗设计及照明调整等内容

2. 未雨绸缪提前安排

　　在实践中,除了品牌理念、产品系列、经销渠道等品牌主要框架要保持稳定以外,全新设计将不会是一成不变的延续设计,其产品极有可能会扩展规模,将会面临前所未有的设计工作量,面辅料供应商或产品外包加工企业也可能需要重新更换或补充,因此,设计工作的提前量必须予以考虑,如果计划的产品开发时间还是和以前一样,将在时间上捉襟见肘。同时还需要匹配足够的资金,保证这一设计形式得以顺利进行。

3. 仔细推敲每个环节

　　与整合设计相比,全新设计没有了前瞻后顾的忧虑,形式上比较简单,因此,可以把全部精力投放到整个设计程序中去,细细推敲每一个系列的关系、每一幅图稿的审核、每一个细节的选择、每一件样品的修改,以首席设计师为主,利用其丰富的经验,带领整个设计团队开展工作。

二、整合设计

　　整合设计是相对于全新设计而言的,是指结合现有产品的状况进行重新编组排列,并适当加入一部分利用新的设计元素组成的新款式,使非理想状态的原有产品达到系列整齐、风格规整的目的。由于各种各样的原因,有些品牌的产品销售状况不佳,即使是全新设计的产品,也会有这样那样的问题,产品面貌不如人意。如果出现产品动销情况严重不均,少量品种已卖完,大量品种纹丝不动的问题,此时,把库存产品全部弃之重新来过是不太现实的,且不说大量的投资将损失惨重,就是时间的原因也不允许这么做。为了促使后者动销,必须对其整合设计,最大程度地改善这些产品的整体面貌。

(一) 整合设计的优点

1. 理顺原有货品设计主题

　　需要整合的货品一般是出了问题的货品。不管是设计失败的新货,还是销售卖剩的旧货,其主题已经模糊,只有依靠整合设计,才能理出头绪,重振旗鼓。好的品牌企划每季都会有一个明确的主题,所有的设计工作都将围绕着这个主题进行,主题不明确会使得产品精神涣散。整合设计作为一种补救货品的设计形式,在混乱的货品很难卖出理想价格之际,导入与设计风格般配的设计元素非常重要,以新产品包容老产品,逐步形成一盘完整货品,使产品形象呈现出整齐和丰满的面貌。

2. 锻炼能力纠正设计行为

　　整合设计是在保持现状的合理性的同时,发现、纠正和改变现状中的不合理部分。除了确实滞销的货品以外,有些库存是由于产品上柜速度错过了销售时机而滞留下来的,经营者总想将此类产品以新品的面貌再次上柜,于是就产生了新货与库存产品夹杂上柜的情形。因此,整合设计犹如修改一件已经做坏的作品,难度比重新做一件作品更高,也更具有挑战性。接手整合设计任务是锻炼设计能力的好机会,做好整合设计更是证明设计能力的途径。

3. 货品现成资金投入较少

　　从资金投入上来说,整合设计是在库存货品的基础上进行的,可以减少新的资金投入。尽管这是有些无奈的"优点",但也是可以利用和不能忽略的现状。如果采取以低廉的价格,果断收购其他公司尚有较高利用价值的库存,进行物尽其用的整合设计,不失为一种很好的整合策略。过量的库存产品几乎是任何企业都不愿看到的,外部企业却可能从中看到商机,因而催生了专门收购、整理和出售库存产品的行当。

(二) 整合设计的缺点

1. 存在整合结果失控风险

没有相当设计经验的设计师往往会缺乏对整合结果的控制能力,这是检验设计师专业素质是否成熟的重要标志之一。如果设计师能够从容应对需要整合的现状,得心应手地控制最终效果,那么,其专业技能便达到了炉火纯青的理想境界。此外,整合的功效是有限的,应该事先对现状有一个客观的评价,估算一下整合后有多少市场胜率,不然只能放弃整合,避免得不偿失的结局。

2. 现状凌乱难以理清头绪

由于需要整合的货品主要是季末产品,其系列与系列之间、产品与产品之间,在款式、颜色、规格等方面比较孤立、凌乱、残缺,包容性和搭配性不强,整合起来会比较困难和乏味。有时,在审视设计方案或陈列样品后,会发现缺少某些可以促进销售的品种或颜色。面对比较凌乱的现状,缺乏经验的设计师将无从下手,甚至会影响工作积极性。因此,面对木已成舟的季末产品,再怎么整合,其效果仍然不如全新设计的货品那般整齐。

3. 新旧产品混杂影响形象

有待整合的货品难免存在年份印迹,流行感减弱,与全新设计的货品相比还是有区别的。如果货品的保管不善,污损严重,整合的效果就更差了。无论消费者还是经销商,只要看出以旧充新的整合痕迹,心理上就会产生一定的排斥感。另外,采购与这些产品相同的面料也比较困难,即便能找到,也往往由于生产批次的不同而存在色差。

(三) 操作的要点

1. 控制产品出样比例

消费者无法知道公司的库存情况,看到的只是卖场出样效果。这种效果是可以人为调整的,适当调整卖场出样面积的比例关系,可以用某些产品的出样面积来制造产品的主次关系,营造系列感觉,突出某一时段的销售主打产品(图5-25)。一旦这种被制造出来的假象带动了销售,便迅速补货,扩大销售。无论是系列产品还是单一产品,季末产品会出现款式比例不匀,尺码不全的销售弊病,为了激活这些产品,可以重新设计一些与其配套的产品,形成联动销售。

图 5-25　快时尚品牌 ZARA 店铺产品陈列主次分明

2. 提取共同设计元素

　　每种产品都是各种设计元素的排列组合，产品的真实面貌通过面料、色彩、款式和工艺表现出来，在面貌杂乱的产品中，寻找和发现它们中的共同元素，利用追踪法和统一法等设计方法，设计出能调和各种产品之间差异的款式，成为中和性和过渡性产品。需要设计整合的产品多半处于凌乱状态，如果在这些产品中很难找到共同的设计元素，就应该考虑重新加入一些不属于这些产品中任何一方的设计元素。当这些新型设计元素达到一定的比例时，将起到统一系列的作用（图5-26）。

图5-26　快时尚品牌MANGO通过整合服装色彩设计以统一系列

3. 防止设计过程中断

　　产品风格不稳定的一个重要原因是因为频繁更换设计人员，形成了"设计中断"。整合设计的主要目的是利用新产品激活老产品，是一项具有连续性的设计工作。原来的设计师离职后，新任设计师在接盘时容易手足无措，设计风格很难做到统一。因此，要做好整合设计，关键是从源头抓起，稳定设计队伍，防止设计中断。

第六章
品牌服装设计流程解析

　　服装设计开发流程是指发生在服装企业内围绕新产品开发而展开的一系列活动及其之间的相互关系。 这一流程是从输入各种信息资源和顾客需求开始，经过产品设计构思、产品样品试制、取得市场信息反馈，最终获得产品定型，其中包括穿插在整个过程中间的沟通、调整与决策环节。 毫不夸张地说，品牌服装设计是一个系统工程，特别是大型品牌的产品开发，涉及企业内的企划部、采购部、技术部、设计部等多个部门，必须顾及方方面面的工作进度和工作板块之间的衔接，才能保证整个产品开发工作步调一致。 一个健全而专业的设计流程是产品开发得以顺畅进行的保障，如果设计流程矛盾重重，运作环节磕磕绊绊，势必影响产品开发的顺利进行，从而拖累整个品牌建设进程。

第一节　品牌服装设计基本流程

一、产品设计一般流程

产品设计涉及的领域非常宽广,无处不在,无时不有。无论哪个行业的产品设计流程,均包含价值流、信息流、物品流"三个流"要素(图6-1),其中,红色部分代表的是体现设计工作能力的价值流,包括设计思维、设计方法、团队能力等;蓝色部分代表的是为设计工作提供数据、资料的信息流,包括市场需求、行业动态和用户体验等;绿色部分代表的是实现设计工作结果的物品流,包括产品的生产、仓储、销售等。

企业在制定产品设计流程时,应该根据所属行业特征、自身发展阶段和产品特有属性,重视上述"三个流"的相互关系和配置要素,其中,设计团队的作用主要体现在价值流,通过设计工作的介入,适时输出思维、方法、结果,连接原本孤立的信息流和物品流,使其原有价值产生增值。

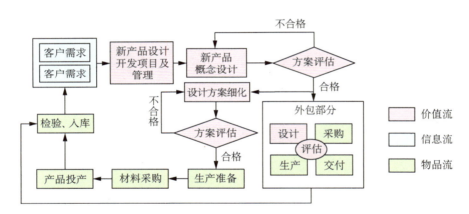

图6-1　产品设计开发一般流程

二、品牌服装设计基本流程

服装设计是产品设计中的一个分支,其流程具有一般产品设计共性。虽然服装企业在所有制类型、企业规模、品牌定位和产品特点等方面的具体情况千差万别,但是在服装新产品设计开发活动中所遵循的基本规律应该是一致的,所不同的是品牌定位、产品类别、系列组合、设计数量、上柜日期等。

根据服装设计的行业特点,结合品牌服装的三大要素以及服装样品的制作过程,可以将图6-1所示的产品设计一般流程转化为(图6-2)所示的品牌服装设计基本流程,图中可以看出较为详细的品牌服装产品的基本设计流程。

从这个流程中可以看出,"三个流"要素中的信息流得到了强调,体现出服装设计过程对信息的依赖程度;融入品牌理念的实际设计操作环节在价值流里面得到体现;由于这是针对产品设计的流程,包括采购、生产、仓储的物品流被简化了。值得注意的是,这个流程强调了审核的分量,需要在各个阶段分别进行多次分级审核和提出修改意见。这个流程主要面对一般的品牌服装设计,不同企业可以根据自身品牌特点进行微调,简化或者加强某些环节,使之更加符合本企业的实际情况。

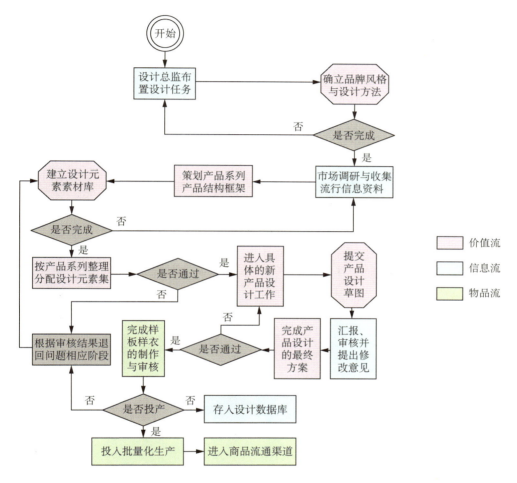

图 6-2　品牌服装设计基本流程

三、基本流程中的主要模块

根据品牌服装设计基本流程,整个工作一般可以分为六个主要模块:准备模块、信息模块、企划模块、设计模块、实物模块、评审模块。每个模块都有各自的工作内容和工作要求,如图 6-3 所示,白色竖框内为工作内容,灰色竖框内为工作要求。

本章后面几节将对此一一进行具体的模块解析。限于篇幅,每个模块各列出三项工作内容和三项工作要求。

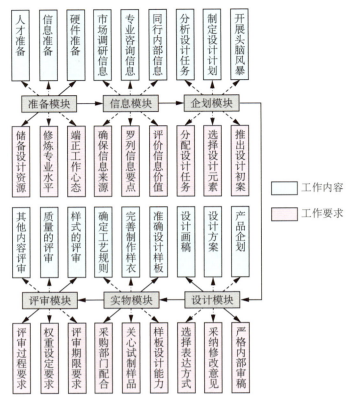

| 工作内容 |
| 工作要求 |

图6-3　品牌服装设计流程六个模块及其主要内容和要求

第二节　准备模块的流程解析

一、准备模块的内容

(一) 人才准备

在人才准备模块,企业可以根据设计团队的现有状态,总结上一个流行季节的产品销售情况,以"人尽其才"为原则,适当补充、调整设计队伍的人员构成。无论是新聘的设计师,还是留任的设计师,无论他们岗位高低,也无论各自工作业绩如何,企业都应该尽可能创造好适合品牌发展和开展设计工作的人文环境,调节好设计师的工作心态,帮助他们以饱满的工作热情投入到下一销售季节的产品设计中。

(二) 信息准备

在信息准备模块,要收集各种对设计必需和有利的外界信息,目的是为产品企划提供依据。市场信息是现代商业取胜的情报,包括流行资讯、市场信息、面料采集、行业动态等。收集的信息应该细化,如市场信息包括竞争对手的信息、目标品牌的信息、参照品牌的信息等。信息的收集工作至关重要,要尽量做到全面、准确、及时,排除虚假和无用的信息。严格来说,信息收集工作应该在产品企划前进行,企划完成以后的信息收集工作将有利于对企划方案的数据修正和结果验证,因此,有些企业会分期进行信息收集工作。

(三) 硬件准备

在硬件准备模块,企业应该积极创造条件,准备好产品设计工作可能用到的机器设备、消耗材料、办公环境等一切硬件条件。作为品牌服装设计的主体之一,企业在硬件准备上的作用是设计师无法替代的。好的工具是环节流畅的重要条件,好的材料是保证成果的必备基础,好的环境是调节心态的有力武器,因此,企业应该在硬件条件的准备上多花一点精力,用良好的物质手段催生思想产品,以完美的工作条件换取最终成果。同时,优良的工作硬件条件也是留住专业人才的重要因素之一(图6-4)。

图6-4 菲律宾服装及生活品牌 BENCH 的总部大楼设计,其新办公室、设计工作室和活动空间聚集在一个屋檐下,为员工营造一个愉悦的环境

二、 准备模块的要求

(一) 储备设计资源

设计资源可以分为现行设计资源和潜在设计资源。设计师、信息、材料、工艺技术、设计工作室、专业网站、面料商、同行企业、商场等都可以成为设计资源的一部分,从一定程度上看,资源积累的厚度决定了设计工作的深度。在品牌服装设计中,现行设计资源是指本品牌目前正在利用的各种资源,潜在设计资源是指散存于社会和行业的尚无合作关系的资源。

为了实现设计结果的领先性,可以从潜在设计资源中积极开发新的资源,了解新的信息源、材料源和技术源,做好设计资源的储备工作,以备不时之需。首先是准备资源信息,通过与外界的沟通与交往,积累为我所用的设计资源;其次是选择资源对象,对资源加以取优去劣的整理,进行深入了解,必要时可以通过尝试利用或浅层合作的方式,对可用资源进行有效整合,形成自己的资源网络。平时能够建立专业资源档案,将是一个很好的工作习惯。

(二) 提高专业水平

在如今的从业服装设计师队伍中,虽然绝大部分设计师都具有专业教育背景,拥有相当的专业知识,但是,设计师跳槽现象严重,改换新的企业或服务新的品牌对许多设计师来说有一个逐渐适应的过程,通晓品牌和产品知识是做好设计的必备功课,尤其是应届毕业的准设计师,专业水平更待提高。因此,设计师需要注意平时专业知识的积累,不断提高专业眼光和专业表达能力,做到"拳不离手、曲不离口"。

为了达到这一要求,设计师应该养成良好的个人工作习惯,保持强烈的职业好奇心,使自己处于非常职业化的状态。比如，身边常备可以随时记录灵感的设计手稿集(图 6-5)、利用便携电子设备经常收集各种资料，甚至一些看似毫不相干的事物也可以作为启发设计灵感的来源而收入囊中。此外，经常观摩专业展览会或参加设计师沙龙等专业活动同样可以增长专业见识(图 6-6)。

图 6-5　草图集一般采用黑白线稿的方式，通过日常记录设计灵感积累设计素材

图 6-6　通过观摩专业面料展会可以获得最新的时尚咨询和业界动向，进一步提升自身的设计素养

(三) 端正工作心态

　　造成设计师在事业道路上成功与失败的影响因素很多。设计师难能可贵的是个性，但是，在就职于某个企业的时候，要注意两个问题：一是设计个性的表现要恰如其分，不能完全把产品作为展现自己个性的工具，应该以品牌风格为中心，以消费者为对象；二是无论成功与失败，都不能用以前的经历来影响眼前的设计工作。尤其是进入一个新的企业，品牌生存环境发生了变

化，没有"放之四海而皆准"的产品，在 A 品牌里的爆款产品不见得在 B 品牌里也能畅销。

产品设计工作非常辛苦，特别是一些规模不大的服装企业，要求设计师事无巨细地随时解决工作中可能遇到的问题。因此，设计师往往会被工作搞得疲惫不堪，产生消极抵触情绪，以致影响设计结果。为了处理好这个问题，设计师应该主动调节好心理状态，享受产品设计这一创造性工作带来的特殊乐趣，使自己处于高亢的工作状态，以微笑的姿态迎接设计工作的开展。

■ 案例

设计师 w 是一位颇有才华的国内某著名服装院校的高材生，毕业初期在一家小有名气的服装企业担当设计工作。w 为人随和，工作踏实，但是，近乎完美主义的他把自己喜欢的服装风格执着地投放到设计中，使产品表现出鲜明的个性。由于该公司尚不具备全面推行品牌建设路线的计划和能力，3 年的工作业绩表明了他在市场表现中少有建树。随后，他应聘到一家矢志创建新品牌的女装公司，该公司规范的品牌经营理念和高效的产品设计流程让他如鱼得水，宽敞良好的工作环境让他身心得以放松，再贵的面料也允许他选择试用，设计工作开展得游刃有余。他适当收敛了之前市场反馈欠佳的过度个性化设计风格，设计产品迅速扩大了市场份额，很快使他在业界声名鹊起。不久，在多年工作经验和资源积累的基础上，他独立开设了自己的公司，其亲手打造的品牌获得了很好的市场业绩，实现了他的"品牌梦"。

第三节　信息模块的流程解析

一、信息模块的内容

(一) 市场调研信息

此类信息的来源可以分为两种：一种是狭义的市场调研，即以线上线下卖场为主的终端市场调研，了解当前竞争品牌和目标品牌的产品销售情况。这种调研一般要求提前于某一季产品设计之前一年开始，即如果要设计明年秋冬产品的话，应该以今年秋冬市场为调研依据(图 6-7)；另一种是在社会动向和消费者中间展开的需求调研，了解社会热点和目前市场上产品存在的不足，知晓消费者还有什么新的需求。这种调研的时间可以比前一种调研略微拖后，在总结了前者的基础上进行。

(二) 专业咨询信息

此类信息主要来自于专业服装网站。这些信息是专业研究机构的研究成果，通常以有偿使用的方式，通过网络形式发布和传播(图 6-8)。这些网站的出现为获取信息资源提供了一条便捷、经济的通道。据有关年鉴统计，我国服装信息服务平台类网站数量约有 100 多个，其共同点是不同程度地提供服装行业的相关信息服务，另外，专业咨询信息还来自于专业服装杂志、行业报纸、行业展会等。相对来说，杂志上的信息量比网站上的信息量少，而且信息传递的速度慢，从行业展会获取信息的周期较长(图 6-9)。

图 6-7　知名面料企业 A 在新一季产品开发前针对目标客户品牌和竞品市场开展的一手市场调研与分析

图 6-8　WGSN 等资讯网站能够为设计从业人员提供从秀场到橱窗的一手图文讯息,并通过专业的趋势团队持续输出对时尚产业未来发展趋势的分析报告

图 6-9　类似 Bof、Ladymax 一类的时尚商业网站及公众号能更密集、更及时地为时尚领域的人士提供相关新闻和见解

(三) 同行内部信息

此类信息来自于行业内部，目的在于掌握他们在产品开发方面正在或者将要发生的情况与制定的计划，为自己的品牌制定产品设计策略做参考。严格来说，这里面存在应该区别对待的两类品牌：一类是与自身品牌在市场规模、产品档次和品牌美誉度等方面基本上处于同等水平的品牌，也就是俗称"竞品"的竞争品牌；另一类是上述各方面都要明显高于自身品牌的行业内其他同类品牌，这些品牌被称为目标品牌。由于新产品设计开发属于企业的商业机密，企业一般都会采取一定的保密措施，防范这些信息外流，比如行业内标杆型企业会在劳动合同中专门设有保密条款或竞业条款，因此，获取这种信息的难度较大。

二、 信息模块的要求

(一) 确保有效信息来源

有效信息来源是指能够确保提供的信息具有最新、真实、可靠、权威等功效的信息源头。例如进行抽样调查，由于信息量很大，不可能对所有的目标信息源进行收集调查，因此需要按一定的比例从中抽取相当数量并有典型代表性的可信样本进行研究。而对于流行趋势信息，则应该将权威发布机构作为信息源。信息来源不同，获取信息的方法也有差异，一般可以通过检索媒体采集信息，通过与他人交流收集信息，通过亲自探究事物本身获取信息。

信息来源有几种情况：一是从报纸、杂志、互联网等大众媒体的报导和广告来收集所需信息。这样得到的信息比较庞杂、散碎，精准度和系统性不强，并且由于信息需求角度的不同，往往只能从文章的只言片语中寻求需要的东西，针对性不强。二是通过广告获得的信息一般价值不大，需要有敏锐的市场洞察力和分析能力，透过广告表面来探究竞争对手的真实意图或将来的战略规划。三是通过专业市场调研公司收集整理的"二次文献"来收集及分析。由于专业调研公司的调研手法相对比较科学，投入的人力、物力和财力都相对较大，其信息具有普通企业所无法达到的信息量和精准度（图6-10）。

图6-10　专业机构的调研报告、白皮书等都是"二次文献"的有效来源，图为 CBNData-第一财经商业数据中心的相关报告

（二）清晰分析信息效度

信息可以粗分为有效信息和无效信息两大类。在最初的信息收集过程中，一般难以马上区分或者无暇区分收集到的信息是否有效，往往采取"捡到篮里便是菜"的做法，先获得足够的数量，然后再从大量的数据中精挑细选有效信息，以数量求质量。比如，调研人员在抓拍街头流行现状的照片时，能够抓拍到一定数量的清晰照片已经不错了，根本没有时间在拍摄现场细分那些照片中的信息有效与否。

在有效信息中，有些信息是全部有效的，有些则部分有效，比如某件服装从款式、色彩到面料都非常值得借鉴，甚至可以完全照抄，或者该服装的色彩值得参考，款式却不如人意；有些信息是间接有效的，比如某件服装的图案可以直接搬用，有些图案则必须经过较大改动。因此，即使是收集来的有效信息，其所包含的价值也是不一样的。在实践中，企业不能过多地依赖于一般意义上的市场调研，这是因为，在市场上能够看到的服装已经是其他品牌"木已成舟"的产品，这些信息的时效性已经打了折扣，而且，这种调研并不能掌握对方尚未上市的产品信息（图6-11）。

图6-11　部分机构会以其他品牌订货会的资料等形式为企业提供竞品或同类品牌的售前产品信息

（三）正确评价信息价值

通过各种方式收集而来的信息量通常会很大，而且杂乱无章，不利于信息分析工作的进行。尽管许多信息都是真实的，但五花八门的信息与研究的问题并没有太大的联系，会对分析工作甚至设计决策产生负面影响。因此必须要对收集到的信息进行筛选、加工以及编写，把庞杂的信息精炼化、条理化。在这一过程中，对信息的评价工作特别重要，因此一定要把好评价信息这道关，对收集的信息去芜存菁，确保信息的真实性和实效性。

信息的鉴别与评价有以下几种方式：

1. 从信息的来源角度进行评价；
2. 从信息的功能角度进行评价；
3. 从信息的价值取向进行评价；
4. 从信息的时效角度进行评价。

（四）注意信息提炼流程

对于品牌服装产品设计来说，品牌的基础决定了品牌利用信息的种类以及程度。在对信息进行正确评价的基础上，提炼信息的流程可分为碎片整理、信息对照、重点标注、定义求证四个步骤。

1. 碎片整理。在最初收集来的信息中,很多信息以碎片状态存在,即不完整的、断裂的、零星的信息片段。如个别数据、局部造型、零碎布料等。为了让部分信息反映事物完整的本来面貌,需要信息整理者利用专业知识,像文物复原般地在这些信息碎片中找到逻辑关系,进行假设、推理、论证,拼合成完整的信息,开展必要的数据统计,从中发现具有利用价值的信息。以口袋为例,在所有收集到的当季关于口袋的信息中,用列表方式统计出插袋、贴袋、拉链袋、立体袋、嵌线袋等袋型各有多少数量,根据袋型数量占比做出排序,就能判断流行结果的真实情况。

2. 信息对照。信息提炼的要求是了解自身品牌以前在产品设计方面干过些什么,现在正在干些什么,以及它们之间的延续关系如何。具体做法是从时间角度,将最新收集到的信息纵向地进行同类信息对照,提炼其中的有效信息。比如以男式西服领型的串口线为例,想要了解其高低、长短、角度等有无差异,可以通过比较和对照当前与过去的信息,提炼出具有实际借鉴意义的信息。对于销售量、库存量、利润率等比较抽象的数据信息来说,更适合利用对照的方法进行信息提炼,能够比较方便地寻找其中的异同点。

3. 重点标注。缺乏经验的人面对浩如烟海的信息,犹如面对整屋子成千上万本胡乱堆放的书籍而犯晕,不知从何处着手或需要多少时间,才能理出图书馆般整齐划一的效果。其实,提炼信息的首要步骤是设定信息提炼的原则,对全部信息进行归类;其次是在每个类别里,根据对信息价值的初步判断,做出保留或舍弃的处理;最后是在保留的信息里,再次细化分类,根据使用的可能性,凸显重点信息并标注出来,成为井然有序的"信息图书馆",以备日后方便地取用。

4. 定义求证。提炼信息的目的是为了提炼出来的信息能够在实际的产品开发中应用。在面对信息提炼的结果未知可否的情况下,为了确保提炼结果的真实性和权威性,需要向有关专家或业内资深人士咨询,进一步确认其真实性。特别是一些关键数据,更应该仔细求证。因为,虚假的信息是非常有害的,真实的信息才是提炼真实情况的数据基础。

信息模块的工作可以与第三章中的设计元素素材库建设合并考虑。

■ **案例**

西班牙品牌 ZARA 每年要推出上万个新产品,其在产品开发方面的秘诀就是该品牌拥有一个由设计专家、市场分析专家和采购人员等约 300 人组成的商业团队,在其公司总部的同一个空间里共同工作。这个商业团队发挥出"准、省、快、多"的特点,即收集市场前沿信息,确保产品的时尚度;"按需设计"的滚动式设计模式节约了大量的产品导入时间,降低了产品风险;设计师、市场专家和采购专家联合组建"商务团队",形成快速反应的新产品开发模式。

著名的耐克公司(NIKE)雇佣了将近 100 名研究人员,专门从事新产品开发的研究工作,其中许多人具有生物力学、实验生理学、工程技术、工业设计、化学和各种相关领域的学位。另外还成立了研究委员会和顾客委员会,其中有教练员、运动员、设备经理、医学专家,他们定期与公司见面,定义、审核和求证各种设计方案、材料和运动鞋的改进设想,为产品设计提供了坚实的后援。

第四节　企划模块的流程解析

一、企划模块的内容

(一) 分析设计任务

企业在下一流行季节的设计工作正式开始之前,会将设计任务以明确的方式传达给设计部门,由设计总监领会后,向下属设计师解读和分派。此时,不管是新任设计师,还是留任设计师,都应该仔细分析设计任务,将任务书进行分解量化,找出难点,寻求协助,落实包括企业内外的协作人员、协作单位及市场流行信息等可利用资源,把握设计任务与时间节点的关系,并将不可预计因素考虑在内,做到胸有成竹,才能使设计工作的展开有条不紊。

一些企业要求设计师始终参与品牌的商品企划过程,需要设计师具备系统分析能力和执行能力,对设计师来说,这是一种工作挑战。商品企划需要更系统的市场营销知识,这种与产品设计紧密相关的工作性质已经超越了产品设计的范围。如果善于把挑战看作是一种机遇的话,这是设计师转型的很好机会,可以更全面地了解品牌知识和运作环节,为今后工作范围的扩大打好基础(图 6-12)。

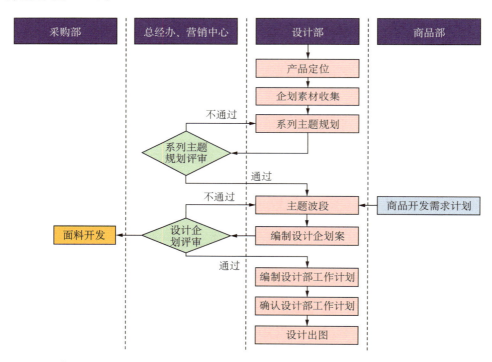

图 6-12　参与企划的部门和工作内容会因各公司略有不同,图为某服装品牌设计企划模块的工作流程

(二) 制定设计计划

企划在正式开展产品设计工作之前，必须准备好一个完整的可行的设计计划，它主要包括时间节点和工作分工两个部分的内容。

时间节点是指对每个工作环节做出协同要求的关联性安排。设计团队内外在时间衔接上必须准确无误，一旦在某个环节上出现进度拖拉现象，特别是前端环节延迟，整个计划就可能落空。需要控制的时间节点包括市场调研时间、资料查询时间、设计画稿时间、画稿审核时间、材料到位时间、样板制作时间、样衣制作时间、样衣审核时间、调整设计时间等（图 6-13）。本项工作一般以周为单位（个别节点甚至以日为单位）编制日程，以"设计任务书"或"设计工作进程表"的形式完成（参见附录四）。

工作分工是指将整个设计工作按照时间节点的要求，分解工作任务与落实担当人员。由于品牌服装设计是一项团队配合的系统工作，需要一定的配合岗位及具体工作人员，因此，各在岗人员务必分工明确，严格按照时间节点完成规定的工作内容。虽然各个企业内部的人事结构有所不同，设置了称谓不一的岗位，但是，其岗位的工作内容应该是基本一致的。

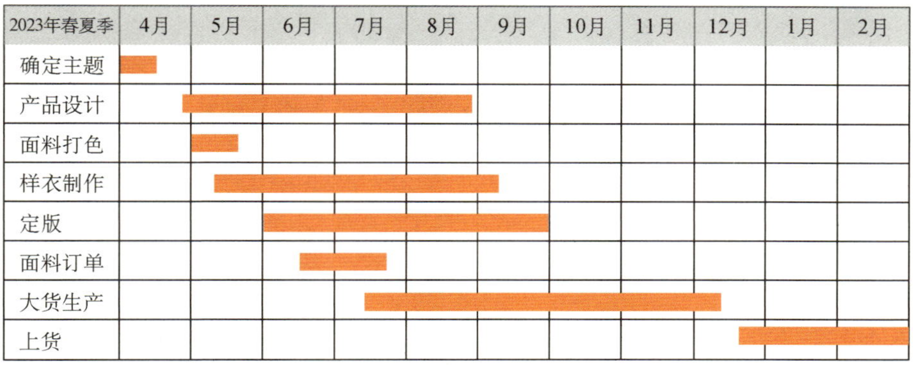

2023年春夏季	4月	5月	6月	7月	8月	9月	10月	11月	12月	1月	2月
确定主题	▬										
产品设计		▬▬▬▬▬									
面料打色		▬									
样衣制作			▬▬▬								
定版				▬▬▬							
面料订单				▬							
大货生产					▬▬▬▬						
上货									▬▬		

图 6-13　某女装品牌的设计进程表

(三) 开展头脑风暴

头脑风暴会议可以鼓励员工提出在普通情况下无法产生的观点、思维和方案。要求会议使用没有拘束的发言规则，同时禁止各种对立的批评，鼓励人们更自由地思考，进入思想的新区域，从而产生很多新的观点和问题解决方法。

会议的形式一般要求在比较宽松的气氛下进行，在人数不够或者某种特定需要的情况下，可以邀请其他相关部门的成员参加。参加产品设计头脑风暴会议的与会人员可以围桌而坐，由设计主管主持召开，掌握议程和激发气氛。与会人员在有限的时间内尽可能快速地、自由地提出自己的看法。为了让发言者畅所欲言，中间不允许有任何批评。

会议的内容应该由会议主持人明确阐明，即本次会议希望得到与会成员思维散发支持的所有关于产品设计的问题，也可以用关键词的方式，展现在与会人员面前。比如：本季设计主题是什么？系列名称怎么定？故事内容是否更改？设计元素如何使用？设计卖点有哪些？由于会议所有的原始方案和想法都被当场不加任何批评地记录下来，与会人员可以在他人提出的观点之上建立新观点。在头脑风暴会议将要结束的时候，再对这些观点和想法进行讨论、分析和评估，得出一个结论（图 6-14）。

图 6-14　头脑风暴是设计部门经常开展的活动,旨在获得新观点和新方法

二、企划模块的要求

(一) 理解分配设计任务

在下达设计任务前,应该有一个产品企划的说明会议,便于各协同部门达成共识。由于设计任务的不同,展开设计工作的方式也会不同。有些企业的商品企划部门力量雄厚,操作程序规范,其下达的设计任务非常清晰,甚至包括产品的框架,能够减轻设计师的工作量,也符合品牌服装设计的工作特点。有些则非常模糊,往往只有一个相当笼统的设计任务,一切都要设计师从头开始,甚至担当起商品企划的职能,这样,设计师的压力和工作量就会增加,不得不全面开展设计工作,工作的细致程度会受影响。

在理解设计任务的基础上,还要深入了解产品结构。在企划说明会议上,设计部门可以提出任何疑点,切实弄清企划部门的意图,对其所需要的产品结构了解无误。这样就可以减少今后工作的摩擦,特别是减少对设计结果的异议。比如,企划部门提出产品应该体现某种风格的要求,此时,设计部门可以要求其提供具体的图片资料或者对应的品牌名称,以便对照理解。企划部门可能会提出一些设计卖点,但是,他们提出的设计卖点可能是比较抽象的,设计部门必须尽力体现,直至各方满意为止。

(二) 精心选择设计元素

产品设计的最后结果是设计人员把设计元素按照设计要求进行的有序集结。在了解产品结构和品牌风格的基础上,按照前面关于设计元素有关章节的内容,首先,根据品牌发展战略目标,对历年来本品牌设计元素使用规则进行调整以使其更适应新市场形势,在现有的设计元素素材库里,初步罗列出需要延续的有关设计元素;其次,通过市场调研和流行预测等渠道,增加新的设计元素素材；随后，精心筛选与产品要求匹配的有效设计元素，通过论证后确定该销售季节产品的主要设计元素和点缀设计元素，作为产品设计的备用设计元素集。

严格来说，一个称职的企划部门能够通过产品结构的配置而把握产品的全局，对设计部门的要求只是将抽象的企划方案实物化。但是，在企划部门未必称职的情况下，这个工作的缺失部分需要设计部门来弥补。设计部门对产品全局感的把握主要体现在从品牌整体形象的角度，考虑全部产品在卖场里的出样效果及系列之间的配比关系，在此，设计师丰富的想象力发挥了常人不及的作用。

(三) 推出初步设计方案

在完成了上述工作之后，设计部门应该进入提出初步设计方案的程序。在这个过程中，设计师应该适当地要求企业创造一些能够提高设计品质的客观条件，但是，一些不切合企业实际情况的想法并不可取，比如为了实现某一个无伤大雅的工艺细节而要求企业添置昂贵的专业设备等。初案是供部门之间讨论用的初步结果，它往往被允许存在一定的不成熟之处，为了节省设计人力资源，其表现形式也不需要过于完美。

在推出初步设计方案之前，可以进行横向比较。这里的所谓横向比较是指与其他品牌展开的比较，包括目标品牌和竞争品牌，甚至可以进行跨领域比较。充分的横向比较可以触类旁通，取得意想不到的启示。初案的形成是在设计流程的初期，相对而言允许有比较充裕的设计酝酿时间，在设计元素的斟酌、市场信息的研究、设计思维的拓展等方面可以花一定的时间反复推敲。服装设计的目的是最终产品的完美而不是设计画稿的完美，因此，在实践中，把有限的时间留给酝酿环节比留给完稿环节，对提高设计品质更有效。

第五节　设计模块的流程解析

一、设计模块的内容

(一) 产品企划

产品企划的主要工作内容是用文字、图表和数据的形式表达下一流行季节的产品概貌，包括系列定位和设计主题、款式设计及数量要求、生产数量和规格配比、销售目标、完成日期等，目的是为设计方案的制定提出框架性参照要求(图 6-15)。

产品企划也叫商品企划。商品的概念包含在产品的范畴中，所有生产出来的物品叫产品，进入销售环节的产品称为商品。产品企划成为设计环节的行动目标，除了设计技术的原因，设计结果成败的很大一部分原因归结于产品企划，因为，产品企划是产品设计的大方向，犹如旅行，只要方向正确，不管步伐矫健还是蹒跚而行，总会走到目标；如果方向错误的话，再好再快的步伐也是无济于事的，只会远离目标，所以，没有产品企划的产品设计将增加市场风险，而根据错误的产品企划所做的产品设计则更是危机四伏。表 6-1、表 6-2 分别是某服饰品牌商品企划的款数与品类的规划。

商务系列一 **精度**

都市系列一 **维度**

商务系列二 **尺度**

都市系列二 **风度**

图6-15　某服饰品牌商品企划中的风格版面

表6-1　某服饰品牌的商品企划表之秋冬款数规划

季节	最高挂货量	最低挂货量	合理挂货量	SKU 比例	出样款数	销售周数	计划款数
秋	170	130	150	2	85~65	10+2	70~75

注：平均面积40~50平米，单款齐色单件出样，侧挂每杆平均套搭3套

表6-2　某服饰品牌的商品企划表之秋季货品波段主推品类规划

波段	秋一	秋二	秋三
上柜时间	7/15	8/5	8/25
气温情况	最高36度，最低26度，平均28~32度	最高34度，最低16度，平均24~28度	最高30度，最低11度，平均19~23度
节日		七夕	中秋
主推品	衬衫/T恤/连衣裙/薄毛衣开衫	小薄外套/薄毛衣/衬衫/T恤/连衣裙	毛衣/外套（风衣）/连衣裙/衬衫/T恤

(二) 设计方案

设计方案的主要工作内容是指根据产品企划，细化下一销售季节产品设计的详细情况，包括产品框架、设计主题、系列划分、色彩感觉、造型类别、面料种类、图案类型等设计元素的集合情况，制定设计规则，是产品企划转为设计画稿的"翻译"环节，目的是为设计具体的款式提供更为明确的方向（图6-16）。

有些企业的产品企划部门工作水平有限，企划方案非常粗糙，仅仅是一些不知所云的文字，或者是缺少可行性的方案，设计部门在此基础上制定设计方案的难度非常高。由于企划的工作结果主要用文字表现，比较抽象，即使错误重重，也不易被发现；设计的工作结果主要用图形表现，比较具象。相比之下，具象结果比抽象结果更直观，也更容易产生众口难调的局面，经常成为产品开发过程中引发争论的焦点。

图 6-16　某服饰品牌根据商品企划延伸的设计方案

(三) 设计画稿

设计画稿的主要工作内容是按照设计方案的要求确定具体的服装样式,并用图形的方式准确地表现出来,包括款式、面料、色彩、图案、装饰等,要求做到样板环节能够清晰地了解其设计意图。

设计画稿是设计方案的一部分,由于图形化过程的工作量很大,特别是目前普遍采用电脑化设计,使用软件绘制设计画稿的工作量比徒手绘制大出许多,程序也更复杂。另外,设计方案环节可以有企划部门的参与,而设计画稿环节则全部在设计部门完成。因此,应该把它从设计方案中独立出来。

在服装行业内,设计画稿缺乏行业标准,长久以来没有得到规范和统一。由于服装是一种软体产品,有穿着前后、动态静态两种效果,在设计的表现与解读方面有较大的不确定性,因此,在一定程度上造成了部门与部门之间的沟通困难(图 6-17)。

(四) 工作确认

工作确认的主要工作内容是会同有关部门负责产品开发的主要人员针对产品企划、设计方案和设计画稿,就产品开发过程中可能或已经出现的问题协调解决。每一个环节在进入下一个环节之前必须先行确认,经确认通过的结果可以进入下一个环节,未经通过的结果必须返回原环节,经过改进后进行再次确认,通过以后,方可进入下一个环节(图 6-18)。

上述主要环节的沟通形式及沟通质量很重要,是确保产品开发达到预期目的的重要保障措施之一。然而,由于目前国内服装企业品牌运作还不够规范,确认环节是实际操作过程中比较难以做好的环节,也是工作扯皮现象发生的主要原因之一。

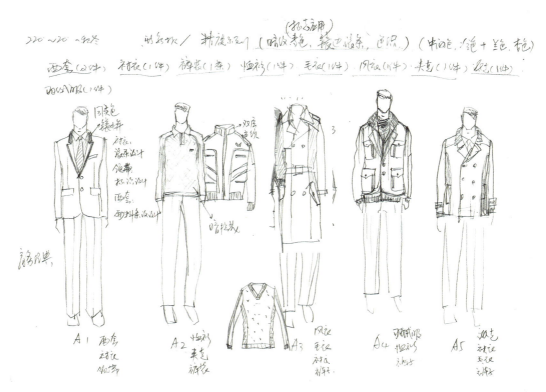

图 6-17　手绘稿能快速表达设计构思，但很难做到标准化、精细化，往往还会通过部分文字的叙述进行辅助表达

□	需求描述	◎需求状态	◎模块	开始日期	◎优先级	◎负责人
1	确定主题	已结束	灵感构思	2023-3-1	高	Stacie
2	头脑风暴	已结束	灵感构思	2023-3-7	高	Stacie
3	设计定稿	未开始	设计绘图	2023-4-20	低	Lily
4	确定系列设计图	进行中	设计绘图	2023-4-10	低	Lily
5	面辅料筛选	已结束	物料准备	2023-3-20	高	Annie
6	样品用量预估	进行中	物料准备	2023-4-10	低	Annie
7	款式沟通	进行中	打版调整	2023-4-18	高	Luna
8	服装制版	进行中	打版调整	2023-4-20	高	Luna
9	版型细节确认	未开始	样衣制作	2023-4-25	低	Luna

图 6-18　针对设计开发流程中的各个环节和内容进行确认是非常重要的步骤

二、设计模块的要求

(一) 严格内部审稿工作

在送交企划部门和营销部门之前，必须通过内部审稿。由于设计人员在一个部门内工作，相互间的交流比较方便，设计主管可以根据时间进度、任务内容和人手忙闲，适时在设计部门内沟通和商讨，将出现的问题尽量放在内部解决。如果一个需要送审的方案连内部也无法通过，那么，在外部人员参与评审的情况下，其结局可想而知。讨论不拘形式，可以是完整方案的讨论，也可以是一个细节的研究，这种工作检查也是设计管理的具体内容之一（图6-19）。

经过评审以后，需要落实最终设计方案。每一次的评审都会出现修改意见，需要设计师及时在下一步的设计方案中修正。在实践中，一般只会规定终案的截止时间，却难以明确规定初案需要经过几次修改才能成为终案，但是，反复步骤越少，说明修改的效率越高，设计成本也随之降低。

图6-19 借助一定的软件或平台对设计稿进行管理，能更方便团队间的审稿工作，提高效率

(二) 采纳意见完善初稿

采纳审稿环节提出的有效可行的修改意见，完善所有未决细节的设计，不能再有任何举棋不定的内容。设计师往往希望其工作结果能够博得众人喝彩，在设计初稿环节会留下许多悬而未决的细节供他人评判。然而，设计是一种众口难调的工作，为此进行的讨论将永远没有结束的时候，也几乎得不到全员赞誉的结果。因此，必要的果断作风对设计师来说有助于提高设计效率，应该利用之前多次商定的设计元素应用方法，尽快深入和完善细节设计，不然，将会影响后续工作的进行。

(三) 选择恰当表现方式

最终方案的关键是应该让其他人员能够清晰简便地看懂一切设计内容，只要企业内部人员能够愉快地接受即可，至于到底采用手绘稿，还是电脑稿？应该多大的幅面？用什么纸张？这些并不重要。目前，大部分服装企业采用电脑设计软件绘制设计画稿，具有整洁清晰、便于复制、储存和修改的功效。因此，熟练应用设计软件是设计师的必修课之一（图6-20）。

图 6-20　利用 3D 软件绘制的设计画稿，因其能充分展示服装材质、细节及立体效果而备受服装品牌的青睐

三、节约成本的设计方法

(一) 整合团队

削减设计成本的关键之一在于加快设计速度，其主要做法是组建一支经验丰富的设计团队。虽然聘用经验不足的设计师成本较低，但是缺乏经验的设计团队需要花较长时间才能意识到问题的存在，设计结果推倒重来不仅耽误产品上柜，而且多次设计的结果将付出更高昂的人力、物力和时间的代价。尽管资深设计师也会出错，但错误概率较小，且能较快解决问题。因此，整合设计团队，合理人才分工，在设计上做到"快而准"，就等于节约了设计成本。

(二) 材料选择

服装材料是服装产品的主要成本。由于我国的国产面料在外观和性能上与进口面料存在一定的差距，同类进口面料要比国产面料价格贵数倍，是普通品牌承受不起的。设计师在选择面料时，应该考虑这个因素。目前，服装行业中正在流行"低成本运作"战略，这种运作具有一定的现实意义。首先是服装市场已进入了"产品过剩期"，大量库存产品使企业的生产后劲不足，不得不为回笼资金而低价抛售。其次，大部分消费者认为服装只要实用就行，不必花高价追求顶尖品牌，而且服装产品没有保值功能，不必为传代而费神。因此，在品牌战略允许的情况下，采用国产材料可以降低成本。

(三) 款式紧凑

产品企划时应该考虑系列数量与面料品种的关系，面料品种使用越多，不仅造成的裁剪浪费增加，而且，会因为订货数量的分散而造成面料单价的提高。大而长的款式肯定比小而短的款式费料，多层款式肯定比单层款式费料，如果没有必要或与流行无关，应当慎重考虑款式的大小、长短和层次等因素，减少单件产品的材料使用总量。另外，设计时还要注意面料的倒顺关系、款式与排料关系、零部件的用料及款式的制作难度，这些因素与成本同样有着密切的关系。

(四) 细节简化

服装上的细节虽然用料不多，但是，却给产品的批量生产增加了难度。有些细节虽然好看，但需要很多手工制作的成分，例如绣花、钉珠、盘扣等，这将增加加工费成本。此外，细节还包括服装上的辅料和装饰物，这些物品往往价格不菲，并且需要一定的人工和设备将其固定在衣片上，其总价将根据这些细节的使用数量而浮动，因此，设计师可以在成本与细节之间做出取舍，从设计的源头简化服装细节，有利于降低产品用料成本，缩短产品生产工期。

(五) 工艺优化

如果没有特别规定,一件服装可以用多种不同的工艺方法做出,加工成本也因此而有较大区别。一般来说,加工工艺越复杂,产品品质就越高,加工成本也越高。工艺优化的立足点是:既简单又符合设计风格的工艺才是最合适的工艺。这也正是为什么设计师必须懂得工艺的原因。比如,同样是水洗工艺,由于使用的工序、助剂或设备的不同,加工成本会有数倍之差,而水洗的最终效果可能相差无几,非行业专家可能根本看不出其中的差异。

第六节   实物模块的流程解析

一、 实物模块的内容

(一) 设计准确的样板

此环节的主要工作内容是指根据设计画稿,以平面或立体的形式,准确表现服装应有的结构,是将纸面设计实物化的关键环节。其中,平面形式的结构设计即为平面裁剪,立体形式的结构设计即为立体裁剪,两者都有一定的建立在工程意义上的设计成分,因此,负责样板工作的人员也可被称为样板设计师或结构设计师。

样板是款式设计由纸面到产品的实物化的桥梁,样板师对设计画稿的理解和判断准确与否是样板成败的关键,其职责是忠实地再现产品设计原先意图,不能对其进行主观性篡改。样板也有流行与落伍的区别,即使面对同一幅设计画稿,每个样板师打出的纸样也因人而异,根据这些样板制作成的样衣也会有很大区别。一些设计韵味往往无法在设计画稿上用具体的数据表示,完全需要样板师在制作样板的过程中,凭借其对服装的理解,做出富有灵气的处理。做好这个环节的基础是设计画稿首先必须过关,不能产生引起样板师误解的漏洞(图 6-21)。

图 6-21 打版环节

(二) 制作完美的样衣

此环节的主要工作内容是按照样板的要求制作实物样品,是对设计结果最直观的检验,要求做到很好地符合尺寸规格和质量标准。由于样衣的全部制作过程往往是由样衣工一个人完成的,产品是由车衣工、整烫工等多工种在生产流水线上合作完成的,因此,样衣和成品存在一定的差距。样衣的完美是指在尊重样板的前提下,兼顾批量生产的工艺要求,求得制作结果与设计意图的最大吻合。

样衣工的技术水平普遍高于车衣工,高水平的样衣工被称为样衣师。样衣设备与批量生产设备也有所不同,在样衣制作中采用的工艺必须考虑到能够在生产流水线的批量生产中实现。样衣制作必须忠实于样板的结构要求和工艺要求,不能按照自己的制作习惯而任意处理,因此,在设计、样板和样衣三个环节中,个人发挥想象力的自由度依次递减(图6-22)。

图6-22　借助数字化软件,服饰产品从设计到生产可以得到更优的整合和自动化

(三) 确定工艺规则

此环节的主要工作内容是根据样衣制作的结果,按照批量生产的特点和要求,对不符合批量生产流程的工艺提出修改意见,并在此基础上确定科学合理的批量生产步骤和工艺规则,成为生产部门能够按图索骥地完成批量产品的生产工艺依据。一般包括产品规格、分步工艺、工艺要点、检验标准等内容(图6-23)。

当前,服装工艺已经不是单纯为了服装的缝合、挺括而存在,一些可以在外观上显现的工艺细节,如拉毛、拱针、包缝等,已经成为制造服装卖点的细节设计,可以成为服装流行的内容之一。因此,服装工艺是服装设计师必须掌握的内容,设计师可以有意识有比例地将其运用到产品系列中(更多设计用表参见附录五)。

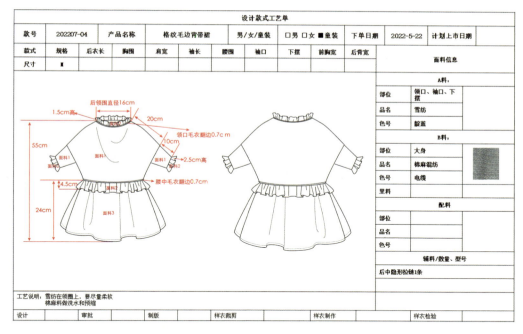

设计款式工艺单

款号	202207-04	产品名称	格纹毛边背带裙	男/女/童装	□男 □女 ■童装	下单日期	2022-5-22	计划上市日期	

款式	规格	后衣长	胸围	肩宽	袖长	腰围	袖口	下摆	前胸宽	后背宽	面料信息
尺寸	M										

面料信息

A料：

部位	领口、袖口、下摆
品名	雪纺
色号	靛蓝

B料：

部位	大身
品名	棉麻混纺
色号	电缆
里料	

配料

部位	
品名	
色号	

辅料/数量、型号

后中隐形拉链1条

图中标注：后领围直径16cm；1.5cm高；20cm；领口毛衣翻边0.7cm；10cm；2.5cm高；55cm；面料1；面料；腰中毛衣翻边0.7cm；4.5cm高；24cm；面料3

工艺说明：雪纺在领圈上，要尽量柔软
棉麻料做洗水和预缩

设计	审批	制版	样衣裁剪	样衣制作	样衣检验

图6-23 关键的尺寸、面料和工艺要求和说明是工艺单的最基本要求

二、实物模块的要求

(一) 样板师的能力选择

服装企业配备的样板师人数一般不少于设计师人数。由于每个样板师都有一定的业务特长，专业水平也不尽一致，有些样板师通过分析设计画稿就能明白某个设计师的意图，有些则离题很远，甚至会出现令人哭笑不得的结果。因此，设计师应该了解样板师的特点，如果条件许可，尽量选择能够体现自己设计风格的样板师进行样板制作。在服装企业，设计师与样板师的技术沟通最多，这种工作上的默契需要长期的磨合。因此，有些企业干脆把设计部门和样板部门相邻并置，甚至把样板师归口设计部门管理。

(二) 关心试制中的样品

样板完成以后，由样衣工进行样品制作。设计师对样衣的制作过程是否关心，结果会大不一样。再优秀的样板师，与设计师对纸面上款式的理解还是有区别的，一些在纸面上甚至在3D模型中不会发生的问题，极有可能在实物制作中出现。虽然样板师可以对样衣工进行指导，但这种指导往往停留在技术层面，而不是设计风格层面。因此，设计师与样衣工的交流也是经常的，哪怕是一个局部工艺，也值得双方仔细探讨。

(三) 采购部门全力配合

样衣在制作时将不可避免地遇到材料问题，需要采购部门的全力配合，找到符合设计要求的包括面料和辅料在内的所有试制材料，按时按量按质地将试制样衣所需要的一切物品送到设计部门。如果企业没有专门的采购部门，则采购工作由设计部门完成。实际上，完全依靠采购部门完成所有面辅料的采集是很困难的，一是有些采购人员缺乏必要的专业知识，当某些样品难觅时，难以确定其可以替代的其他样品；二是采购人员与设计师对时尚流行和设计风格的认识上存在一定差异，往往因评判样品的标准不同而"采非所用"。因此，最好的解决办法是采购人员提供采购渠道,设计师当场选样。

第七节　评审模块的流程解析

一、评审模块的形式

　　评审形式在一定程度上影响设计效果。产品评审常常以会议的形式进行,一般程序是,首先由设计部门介绍产品设计的过程、内容以及要点并展示样衣,然后由其他相关部门参与讨论,就发现的问题提出意见,设计部门负责解释这些问题,最后由其他部门对样衣进行表决。虽然产品评审也可以通过视频会议进行,但因参会人员无法触摸样衣,也容易疏漏细节,其效果远不及集中参评人员在现场进行的线下评审。

　　产品评审主要有静态评审和动态评审两种形式。

(一) 静态评审

　　静态评审是指用号型合适的人台或衣架套好样衣进行评审。静态评审是产品评审的主要形式之一,其优点是评审者可以在一个陈列样品的空间里,不受时间限制地观摩和比较处于静止状态的样品,整个过程简便易行,样品可随意翻看。其缺点是人台不会说话,对样衣可能存在的隐性缺点无法诉说,比如,某个外形美观的袖窿可能因为尺寸太小而造成真人穿着不舒适等,这些缺点可能会演变成影响销售的大问题。相对而言,静态评审更有利于对工艺细节等内容提出具体的修改意见(图6-24)。

图6-24　某服装品牌静态评审中的部分长裙样衣

(二) 动态评审

动态评审是指由真人模特穿上与其号型相符的样衣,通过行走、蹲坐等日常生活动作,让评审者观摩其真实的穿着效果。产品的评审最好以动态的形式进行,其优点是直观、生动,真人模特可以诉说试穿的感受。其缺点是整个过程耗时较长,也看不清新产品在卖场的整体出样效果,因为与样衣号型一致的真人模特较少,评审者只能耐心等待,由其逐一试穿所有样衣。正是由于真人模特能口述其试穿感受,动态评审过程中出现的修改意见往往比静态评审的多。有时,动态评审可以取代静态评审(图 6-25)。

图 6-25　某品牌动态评审的现场

(三) 阶段评审

阶段评审是为了保证总体设计开发的时间进度而进行的环节性评审。这种评审具有不完整的特点,因此适合在精通产品企划开发进程的设计部门和企划部门的专业人员中实施,不然会因为其不完整而影响普通评审者对阶段性工作成果的正确评价。若频繁进行阶段评审,即阶段设定太短,则易造成对产品缺乏整体印象的后果。阶段评审还包括预备评审,是指企业在进行终极评审之前,为了保证评审产品的评审通过率而进行的内部的、小范围的评审。

(四) 终极评审

终极评审是在全部产品投产前所进行的正式的最终评审,是由企业各相关部门全面参与的、决定正式上市产品的评审会议,对于企业完成下阶段的市场销售目标起着极为重要的作用。除了考虑采取静态评审还是动态评审以外,终极评审可以采用开放式或封闭式两种形式。开放式评审是在产品的评审过程中,先由产品开发部门主管人员介绍产品开发主题、面料、款式等情况,然后所有参与评审的人员对产品进行充分的开放式的集体讨论,最终结果由全体参评人员讨论决定的评审方法。封闭式评审是在产品评审过程中,在产品开发部门主管人员介绍完产品开发情况后,参与评审的人员不再集中讨论,而是进行背对背的投票或打分,避免因相互干扰而影响评审结果。

二、 评审模块的内容

(一) 样式的审定

产品设计评审会也叫样品评审会，是针对即将投产的样品召开的技术讨论会议。在此会议上，评审人员将对照产品企划中规定的内容，从设计主题到系列策划、从款式到色彩、从图案到服饰、从廓形到细节、从单品到搭配、从结构到工艺等方面，对已经完成的图稿或样品进行样式上的逐项评审。

同时，应该及时对评审过程产生的意见做好书面记录。

(二) 质量的审定

样衣的制作质量及批量生产时的质量可控性是产品评审中的另一重要内容。在样品评审中，评审人员主要针对样品的材料质量、结构质量、工艺质量等方面进行评估，对一切有可能在批量生产中遇到的潜在质量问题提出讨论，解决产品在工艺、制作中的质量难点，在技术上保障最终面市产品的质量。

(三) 其他内容检查

即使样衣的效果非常成功，也必须考虑一些与产品相关的其他内容，如生产成本、销售价格、产品包装等，只有这些因素与样衣达到很好的匹配，才能实现理想的销售业绩，因此，在某些样品评审会上，这些内容也会被拿来即时讨论。另外，由于评审录用的结果将马上用于投产，其他配套环节也会在评审会上一一落实，如面辅料大货采购计划、商场推广计划、产品生产计划等。

三、 评审模块的要求

(一) 评审期限要求

产品评审的期限必须按照已确定的时间计划进行，不然，如果因为设计和打样环节的拖延而导致投产时间的过分挤压，将会有很大的上货波段风险。因此，为了评审会议与生产周期达到最佳配合效果，应该对产品评审制定期限，倒逼样衣在评审期限之前完成。

根据样衣进度开展的评审。产品评审会最好在样衣全部完成后马上进行，一是为了给评审会上可能对样衣提出的修正意见留出执行时间；二是为了给后续的产品投产留出尽可能多的调整时间。如果样衣完成时间将会晚于预定评审时间，那么，在生产时间无可挤压的情况下，可以分批对已经完成的样衣进行评审。这种做法的最大缺点是不能看到全部样品的情况。

根据上柜时间倒推的评审。产品上柜时间是产品开发中所有时间段的最后大限，因此，产品评审的最后期限可以在留出生产周期以后，按照产品的上柜时间倒推。虽然产品可以根据上柜计划分批上柜，但是，企业绝对不可以因此而掉以轻心，一旦首批产品上柜时间已过而产品还渺无踪影，那么，企业将面临违背市场信誉、销售业绩惨淡、商场强行撤柜等不敢想象的后果。

(二) 权重设定要求

在实践中，评审结果往往需要经过投票程序来决定。企业可以根据评审人员在企业中所属的职能部门，以及他们在企业品牌建设中的重要性和专业性制定评审权重，即面对不同评审人员，其投票结果可乘上一个权重系数，并在选票统计时体现出来。比如，普通部门为1、营销部门为2、设计部分为3、企业高管为4，或者设计助理为1、设计师为2、设计总监为3等，这个系数可以根据执行效果和企业自身特点进行调整，直到成效最佳为止。评审权重的制定可以让不同等级评审人员各自的责任感、权威性和决定权得以体现。

(三) 评审过程要求

通过由真人模特着装动态展示产品或用人台或衣架静态展示产品等方式,让评审人员逐一审查产品。在产品展示环节中,需保证评审人员能深入、完整地观察产品的每个方面。在一些特殊的服装行业(如运动衣、内衣等),还需要模特反馈着装后的感受(如着装舒适性、运动拉伸性、面料透气性等)。

通过对产品的观察及判断,评审人员可就产品的可销售性、款式、材质等问题集中进行讨论,发表个人主观意见,并互相间交换意见。该环节有利于集思广益,发挥集体智慧,让评审人员了解来自不同部门的针对产品的看法,为其最终投票打下基础。

四、 产品评审的结果

在产品评审会上,对所有样衣做出评价的结果通常只有三种:录用、修改后录用、淘汰。每件样衣将得到其中一种结果。对于设计任务完成情况来说,总的评审会也有三个统计结果:一是合格样衣数量充足,这是最好的结论;二是合格样衣数量勉强,这是不妙的结果;三是合格样衣数量不足,这是最坏的结局。补救办法是尽快重新设计出新的样品。

如果认为样衣都很不错,并且已经超出投产数量,那么可以根据得分高低,将样衣分为录用和备用两大部分,录用的部分将直接投产,备用的部分是为了应对市场突发情况,比如原先看好的录用产品在市场上却动销不佳,为了补充货源,将调动备用款式。在对样衣的意见争执不下的情况下,可以用无记名投票的方式表决,并统计出最终结果。

第七章

品牌服装设计实操要点

在品牌服装设计的实际操作中，随着设计工作进一步深入和细化，企业将会遇到一系列具体问题。 这些问题出现在品牌故事、系列主题、设计方案、设计数量、产品卖点、流行信息、辅助内容、工作沟通等几个方面。 本章在了解了品牌服装设计主要知识的基础上，就上述几个方面的实操要点进行分析，包括它们的含义和特点、如何发现、怎样操作等，意在提供更为细致的专业内容。

第一节　品牌故事

一、品牌故事的含义

品牌故事是指以记载了往事、旧迹、典故、花絮等品牌发展的历史或品牌倡导的精神为素材，以特定的故事形式或其他具有一定显示度的方法展现品牌文化的特殊体裁。品牌故事侧重于品牌发展过程或某个事件的描述，强调情节跌宕起伏，阐明品牌文化价值观，是品牌文化具体化的一部分。品牌文化往往比较抽象，必须通过具体的可感知形式表达出来，才能够被人辨识。叙述财富和人生的品牌故事以故事特有的内容感染人，具有其他门类故事的人物、时间、地点和事件等一般特征，还有品牌的标志、精神、导向和产品等特别内容，能形成丰富的联想、暗示和灵感。

传统品牌的故事依靠历史积累的素材叙述真人真事，新生品牌的故事类似于品牌画像，需要一定的艺术加工。由于我国服装品牌的历史相对较短，大部分服装企业都缺少脍炙人口的品牌故事素材，因此，这些企业往往利用虚拟手法，叙述其品牌"故事"。品牌理念的展开从品牌故事开始，其目的是将品牌理念、设计思路等形象化，给人留下鲜活的品牌印象，昭示品牌文化，也借此推广品牌（图7-1）。

图7-1　以马具和皮革制品起家的奢侈品品牌Hermès，其各类产品都在用其特有的品牌故事诉说着品牌的起源与特色

二、品牌故事的特点

(一) 真实与虚拟兼容

品牌故事需要真实的素材，但是对素材的艺术处理也是必要的，否则会缺乏必要的艺术感

染力。对于具有悠久历史的传统品牌来说，收集真实素材轻而易举。对于新生品牌来说，因其尚未具备足够的积累，在品牌诞生之初，可以虚构的形式编造"故事"，其重点是放在将要发生或希望发生的事件上。

(二) 媒介与体裁相宜

品牌通过什么样的媒介传播，就需要制定什么样的故事体裁。同一个故事内容，因叙述体裁的不同而效果相异。比如，电视广告需要动态画面，展览会需要故事板，文字适合纸媒，口述适合采访。品牌故事的传播效果还受到场地、时间、篇幅与成本等因素的影响，这些因素在确定传播方式前必须予以考虑(图 7-2)。

图 7-2　蕉内品牌独具特色的广告形象进一步强化了品牌的特色

■ **案例**

B品牌是某科技有限公司旗下的服饰品牌，品牌主张通过体感科技重新设计基本款。作为一个新兴服饰品牌，尽管缺少历史积淀，其也在通过一系列策划，积极地"制造"品牌故事，比如从最初的无感内衣到凉皮、热皮等产品，B品牌用"造概念"的方式传递了品牌基因和产品优势。充满 AI 科技风路线的模特造型、成功破圈的广告片"凉皮之夏"、各类微博话题和线下快闪活动……B品牌利用微信、微博、小红书、抖音等各种平台构建了用户沟通网，用自己和新新人类都熟悉的方式，将品牌故事变成其与用户共同书写的故事。

(三) 简练与生动结合

最终呈现在消费者面前的品牌故事并不完全是品牌发展的全部历史，消费者也没有足够的兴趣和耐心去了解该品牌繁杂冗长的故事(图 7-3)，因此，为了便于消费者对品牌的理解，高度概括品牌故事显得非常重要。过于简练的故事缺乏生动性，其生动性需要感人细节的配合，在实践中，往往需要提炼甚至制造出消费者可能感兴趣的故事细节。

图 7-3　Lululemon 用简练的精神内核来传递品牌故事

■ 案例

Lululemon 的品牌故事

自 1998 年于温哥华风景如画的基斯兰奴成立起，lululemon 秉持着传达"热汗生活方式哲学"为初衷。通过瑜伽及瑜伽以外的各种热汗形式，与社区成员真实对话，分享品牌核心价值观及品牌文化，帮助人们实现更加有意义的生活目标。经过二十多年的成长，lululemon 不仅成为了启发并激励人们成就美好生活的灵感源泉，更是将品牌的热汗生活方式哲学分享给更多的社区伙伴，共同开启积极健康的运动生活方式，迎接生活中的惊喜和无限可能（以上部分内容来源于 Lululemon 官网上的品牌故事板块）。

不同于其他品牌故事长篇介绍起源、历史和产品等内容的做法，Lululemon 的品牌故事表达的是品牌的精神内核，简练而生动的切入点也是塑造品牌差异化的一种方式，这种品牌故事的呈现在近年来也越来越受到广大时尚品牌的青睐。

三、品牌故事的作用

(一) 激励斗志的图腾

由于品牌故事注重品牌精神的倡导，这种"赋予产品文化的形式和内涵"的特征使品牌文化摆脱抽象符号而成为一个有形的图腾。一个动人的品牌故事可以增加团队成员的自豪感，员工对品牌故事的认同在一定程度上表明其对企业文化的归属感。在品牌故事的感召下，员工的工作热情被激发，由此影响工作结果。

■ 案例

在针对某高校服装设计专业应届毕业生就职意向的调研中发现，当被问及"如果在工资待遇和上班路程相同的情况下，你愿意到著名品牌企业工作还是到无名品牌企业工作"时，有 65% 的学生选择前者，27% 的学生认为无所谓，还要看其他条件，只有 8% 的学生选择后者。统计表明：学生一般都不愿到无名品牌的企业谋职，宁可选择比较著名一点的品牌就业。即使某些比较著名的品牌以比较低廉的待遇招募设计师，有些学生还是愿意屈就前去供职，因为他们看好这些品牌的无形资产，也认为从中可以得到很好锻炼，为提高自己的身价打好基础。

(二) 承载品牌的符号

品牌消费是符号消费，一个神奇的品牌符号足以成为某些消费者梦寐以求的目标。研究表明，相当一部分消费者是通过品牌广告而了解品牌及其产品的，尤其是奢侈品品牌，这些品牌生动而传奇的故事和丰富而积极的象征意义是吸引未来消费者步入品牌殿堂的指南（图7-4）。

图7-4　Ralph Lauren品牌经典的广告片形象。该品牌希望勾勒的是一个美国梦：漫漫草坪、晶莹古董、名马宝驹，迎合顾客对上层社会完美生活的向往。其马球标成为了品牌文化的代表符号，能让人立刻联想到贵族般的悠闲生活

(三) 系列策划的依据

品牌故事和产品风格保持着高度的一致性，对设计工作具有指导意义。在产品开发环节，每个系列往往被冠以一个主题，系列主题被看成是一种品牌故事的应用形式，以系列主题板的方式呈现，它是将策划意图与产品风格相结合的环节，可以带有品牌故事的某些内容（图7-5）。

2023春夏系列——且听风吟　　　　**2021早秋系列——山海鸿鹄**

图7-5　品牌故事是Z品牌系列策划的依据

"致意东方文化,知悉浪漫灵感",Z品牌是一个以东方文化为源,融入浪漫体验,旨在创造专属情感记忆的穿着体验的品牌。其品牌名来源于《礼记·大学》中的格物致知理念,"格物"一词也变成了其高端系列的类目名;品牌的河流标灵感来源于南宋大家马远的画作;旗下的风铃裙、白瓷裙等产品凸显了品牌故事的精髓,每次的系列主题文案也极具文采和意蕴,延续了品牌的理念和调性。

四、品牌故事的题材

(一) 家族轶事

每个品牌在某个历史时期都有一个领袖人物,有些品牌会以品牌创始人的经历作为品牌故事(图7-6),尤其是家族制品牌,家族领袖乃至家族普通成员的趣闻轶事往往成为具有相当感染力的故事素材。

图7-6　Chanel品牌的创始人嘉柏丽尔·香奈儿(Gabrielle Chanel),其生活方式与多面个性,成为她创办的品牌所珍视的价值。香奈儿传奇的一生和非凡的个性为人津津乐道,是品牌故事中浓墨重彩的一笔,创始人的经历也被多次搬上荧幕

(二) 人类历史

人类文明发展的历史为挖掘品牌故事提供了浩如烟海的素材,怀旧意识能够激发人们对过去的追忆和向往,一个历史片断、一件历史文物、一段历史史料所拥有的荣耀与象征足以勾起人们的仰望和崇敬之情。

国内某著名的酒类品牌为了在全国酒类大战中异军突起,采取"贩卖历史"的推广策略,挖掘和整理其从明代开始即为历代皇帝御用酒窖的酿造历史,突出该品牌的渊源和酿造技术的历史传承,赋予原有品牌历史价值,广告形象呈现气势恢宏的古代帝王欢宴场面,显示出唯我独尊的霸气。产品开发则结合酒类产品历久愈香的特点,在产品系列上打出明代年号。

(三) 制造材料

任何实物产品都需要利用一定的原材料才能制造成型。有些原材料因产地特殊、品质纯正、数量稀少而带有不少故事色彩,特别是一些天然原材料,往往因其具有特殊意义以及形式美感而成为塑造品牌故事的素材,企业将品牌理念的寓意赋予其中,并将其中具有形式美感的素材作为图形处理的源点(图 7-7)。

图 7-7　国内某服饰品牌以国家非遗香云纱为载体,进行跨界融合和时尚设计。作为国家级非物质文化遗产香云纱的传承守护者,品牌主打"用中国的面料,做世界的设计"的品牌理念

■ 案例

国内有一个以羊毛及其制品为主业的品牌,以讲述"羊文化"为己任,用拟人化手法,提炼羊的"人文品质",宣传羊的仁爱、吉祥、富贵、温和、亲善、儒雅、恋家等正面形象,使之贯穿于员工的行为准则,在其营销模式、工作态度等方面采纳羊的特性,结合其从民间采集到的典型"羊"图案,不断诉说着新的"羊"故事,从而成为企业文化与品牌形象高度结合的典范。

(四) 公众人物

一些初始创建的品牌因其社会影响力微弱,可以借助或模仿社会公众人物的影响力,制造品牌故事,比如邀请公众人物担任品牌形象代言人。由于公众人物本身就有许多故事,其外表气质也代表了某种风格,因此,企业选择的公众人物的社会综合评价必须与品牌的文化内涵相一致。需要注意的是,企业不能侵犯其肖像权和名誉权,应依法获得该权限。

> ### ■ 案例
>
> 聘请品牌形象代言人是强化品牌形象的举措。坊间流传着这样一个故事:国内某著名男装服装品牌因欣赏美国前总统克林顿在任期间的人格魅力,欲邀他担任品牌形象代言人。当时该公司发了个电子邮件给克林顿夫人希拉里,表达了这一想法,希拉里在第三天礼节性地回了电子邮件,表示适当的时候可以洽谈。这一事件被国内一家报社报道了,随后世界各地媒体包括《华盛顿邮报》都立即作了铺天盖地的报道,该公司在一个星期内收到了3 000多封信。在这一奇幻事件中,虽然该公司没有花一分钱,却为品牌带来近亿元的宣传效果。且不说克林顿作为该品牌形象代言人是否合适,这一举动本身就是对品牌的绝妙炒作。这一事件不仅成为当时轰动业界的新闻,也让人领略了该品牌掌门人的胆略,从而也成为了该品牌故事的一部分。

(五) 民风民俗

民间流散着大量人们喜闻乐见的传说、神话、童话和寓言,这些素材具备了很好的故事性,只要它们与品牌理念合拍,能够进行必要的修饰,就不失为很好的故事题材。民族文化永远是时尚界取之不尽的创意灵感之源,民族文化的历史、事件、形式、风格等因素都可以用来制造和渲染品牌故事(图7-8)。

图7-8 范思哲品牌以希腊神话中的美杜莎形象为蓝本设计了品牌LOGO,并大量用于产品设计中

> **■ 案例**
>
> 意大利著名品牌 Versace(范思哲)的品牌文化中采用了希腊神话中的美杜莎,这个被宙斯封为"拥有众神全部天赋的女人"拥有许多故事,她的形象被作为该品牌的 LOGO,不断地以各种形式出现在大量产品中。最令人佩服的是,设计师还将这一故事题材提炼成表现该品牌精神的设计元素,其品牌风格表现出美杜莎妖艳、多情、反叛的性格元素,使品牌故事与产品内容得到了完美结合。

五、 品牌故事的塑造

(一) 塑造的原则

1. 提炼素材

平淡的叙事方式往往使品牌故事缺少艺术感染力。一旦确定了题材,应该尽可能全面地收集与之相关的文字和图片材料,从中去粗取精,挑选出最符合消费者口味的故事素材。

2. 虚实结合

品牌故事不是史书,尤其是新生品牌,可适当虚构素材,因此,品牌故事不必拘泥于细节考证,而在于总体效果,虚实结合是塑造品牌故事的必要手段。当然,这并不等于篡改真实素材或虚假宣传。

3. 重点突出

品牌故事应在尽可能短的时间内,用最为生动感人的细节,突出意欲表达的重点,抓住消费者的注意力,增加方便记忆的趣味性和符号性,避免故事素材可能因为史料翔实而啰嗦冗长。

4. 强调视觉

百分之九十以上的信息是人们通过视觉器官获得的,因此视觉是获得品牌信息的最主要渠道。在传递品牌故事时,将品牌故事视觉化是最有效的方法,便于在第一时间内完成故事的传递。

5. 剪裁片段

将故事内容制作成适合不同媒体传播的片段,有利于针对不同传播场景下的消费者开展精准传播。即使是同样的故事也可以分为若干个体裁的版本,比如,在视频中播放的广告片可以剪辑为时间长短不同的多个版本。

(二) 塑造的方法

1. 文字体裁的故事

以文字作为叙述手段的故事通常采用文学创作的手法,篇幅可长可短。除了超级大牌需要传记性地讲述故事,一般品牌的故事篇幅以简短为主,要求文字精准、干脆利落、琅琅上口,形成文字体裁特有的联想丰富的效果。文字体裁的故事一般出现在官方网站和品牌宣传册中(图 7-9)。

2. 图片体裁的故事

用图片体裁表达的品牌故事具有一目了然的视觉效果,便于形象记忆。此类体裁的故事应该以图为主,配合广告语般的精炼文字,精心编排成能够体现品牌精神的故事版面。图片体裁的故事一般出现在展会、样本或商场布置中(图 7-10)。

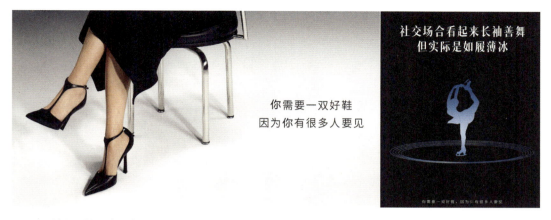

图 7-9　社交女鞋品牌 F 的品牌文案以文字见长

图 7-10　国内某衬衫品牌的广告,以精准的图像元素阐述了品牌英伦新贵的特质

3. 影像体裁的故事

根据传播内容和篇幅长短设计故事脚本,拍摄足够素材,充分运用蒙太奇等影像手法将影像资料剪辑成为生动鲜活的品牌故事。影像体裁的故事一般出现在广告、展会和店面的视频中。

4. 实物体裁的故事

选择历史物件或仿真模型,在灯光、道具甚至传动机械的配合下,默默地讲述品牌的故事,具有体验真实的感受。一件古旧的实物诉说着品牌的历史,一个夸张的模型炫耀着品牌的地位,其真实和震撼的效果为其他体裁所不及。实物体裁的故事一般出现在展会和橱窗布置中。

第二节　系　列　主　题

一、系列主题的含义

　　系列主题也叫系列名称,是指蕴含在产品系列中的主要设计思想或灵感源点(图7-11)。作为品牌服装设计思维的概念性表述,系列主题还有设计题材的概念,反映了设计诉求的取材来源和意欲表达的设计效果,比如"嬉皮"主题、"乐活"主题等。

图 7-11　以功能商务为诉求的某男装品牌系列主题板

　　系列主题一般以简短上口的文字和精美醒目的图片表现。一个品牌在每个流行季节推出的每个系列主题都应该有一定的关联性,这种关联性或跳跃、或粘连、或松散、或紧密,以某种事先设定的方式出现,且与品牌倡导的设计风格有关。

　　系列主题通过其中囊括的产品设计元素和表现形式表达出来。尽管系列主题可以很方便地被赋予一个词组或一些图片,但是,这种概念性表达仍然十分抽象,与实际产品还有不少距离,人们无法获得主题与产品之间的完整感受和真实联系。只有介入可转化为实物形态的设计元素,系列主题与实物产品的关系才能被真正理解。

　　与系列主题十分相近的是设计主题。设计主题是系列主题的高度集中,统领整个流行季的全部系列主题和产品设计的中心思想,通常用一个富有联想意味的词汇表述,两者的特点、作用、题材、构成及表现方式都十分相近,可以套用。打个形象比喻,设计主题是最大号的系列主题。

二、系列主题的特点

(一) 文字与图形结合

　　系列主题是用来指导设计的文件和推广产品的说法,语言讲述或文字记载的方式难以表达系列主题,生动的视觉形象与简练的艺术文字相结合是系列主题表达的特点。因此,一般情况下,系列主题将以文字与图形结合的形式出现。在此,系列主题的文字和图形都应高度概括,与品牌诉求的精神内涵相一致,在造型、色彩和材质等要素的配合下,表现出品牌故事与系列主题的呼应关系(图7-12)。

图7-12　某职业服品牌的系列主题板和色彩板

(二) 主题与产品共存

　　系列主题是统一在品牌故事之下的对产品的解释,更重视描述产品的特征,其主题名称必须与产品特征共存。系列主题蕴含着品牌的设计风格,使产品开发有了更为直观的方向,可以借此规范产品设计的风格,直至影响设计的最终结果。如果系列主题只是为系列随意地起一个好听的名称,与品牌诉求缺少内在联系,将会削弱系列主题对产品设计的引领指导作用(图7-13)。

图7-13　某羊毛面料品牌的系列主题与产品版面

(三) 表现的内外有别

　　系列主题的对外表现形式往往只是一个十分简短的便于宣传和记忆的词组,在使用时,可附加用来形象化说明系列主题的少量而典型的艺术性图片,一般追求具有创意、绚丽、动感的视觉效果。系列主题的对内表现形式不能因为过于追求视觉效果而忽略其必须具备的实在内容,包括灵感来源、设计要求、组合要点以及该系列的典型设计元素等,并配有详细的文字和图片。

三、 系列主题的作用
(一) 承载产品信息
一个合格的系列主题应该能够承载系列产品的主要信息。即使遇到对文字或画面有所限制的场合，也要以有序性为原则。突出系列主题中的主要因素，注意它们的典型性、代表性、有用性。
(二) 指导产品设计
一个称职的系列主题是一块引导产品设计的指路牌，用来统一设计团队的思维，指导产品设计。系列主题凝聚了产品系列策划的成果，可以在真正的产品实物尚未成形时，帮助设计团队统一认识。
(三) 宣传品牌形象
一个出色的系列主题可以在对外展示时，用来向消费者快速表达本季本系列产品特征。因此，制定系列主题的形式与内容应该尽可能从传播形式出发，考虑受众对象的感受，注意宣传效果。

四、 系列主题的题材
(一) 社会事件
服装是一个不能孤立于社会而独自存在的时代产物，瞬息万变的现代社会在人们身边每时每刻地发生着新的变化，这些变化是各种社会力量冲突和协调的结果，由此而产生的火花刺激着人们的思维神经，系列主题可以在社会事件中获得别出心裁的素材（图 7-14）。

图 7-14　某针织系列产品的主题灵感来源

(二) 艺术样式
文学、美术、音乐、舞蹈等丰富多彩的艺术门类里有大量能够激发和产生系列主题的素材，这些素材本身已经是艺术加工的结晶，具备相当的艺术感染力，一段诗文、一张照片、一尊雕塑，无不具有艺术魅力，用来作为系列主题的素材，能起到事半功倍的效能。

安徒生是闻名世界的童话文学大师,塑造过许许多多脍炙人口的文学形象。国内某服装企业打算创立一个童装品牌,在为品牌起名时,另辟蹊径地在丹麦注册了"安徒生"品牌,其产品系列都冠以安徒生的故事名称,在产品的细节设计上融合了欧洲童装的设计风格,销售中还专门派送印有安徒生童话人物的小文具等礼品。安徒生,这个在全世界儿童心目中响当当的名字,不仅为该品牌省却了一大笔宣传推广费用,还使其在很短的时间内树立了良好的品牌形象。

(三) 日常生活

极其广泛的日常生活领域可以为品牌系列主题提供用之不竭的灵感来源,而且,对于消费者来说,接受源于日常生活的系列主题更为生活化和亲切化;对于品牌策划者来说,最熟悉的场景也是莫过于自己的日常生活,只要带着热爱生活的态度,细心观察平时熟视无睹的周边事物,就一定能找到独具慧眼的素材。

法国著名品牌 Hermès 历经了 170 多年风雨沧桑,早在 20 世纪来临之时,爱马仕就已成为法国式奢华消费品的典型代表。原先的爱马仕只是巴黎城中的一家专门为马车制作各种配套的精致装饰的马具店,1937 年,由骑师外套引发灵感的第一条爱马仕丝巾诞生,从此,该品牌的产品线开始拉长,涉及钱夹、旅行包、手提包、手表带,以及一些体育运动如高尔夫球、马球、打猎等所需的辅助用具,也设计制作高档的运动服装。在该品牌的视觉元素中,所有这些产品都离不开根据典型的马车和马具这一当时欧洲人最熟悉不过的生活用品设计的图案,利用这些物品的形象诉说着该品牌独特的故事。

(四) 虚拟题材

新生品牌因为缺少值得炫耀的发展历史而常常将品牌故事锁定在虚拟题材上,这种手法也同样适合于系列主题的确定上。采用虚拟化手段,在虚拟的人物、时间或事件中,寻找系列主题所需要的题材,可以使系列主题的取材范围更广泛,发挥更自由(图 7-15)。

图 7-15 H品牌 2023 春夏系列"丘魂穿越"。该品牌每一季的系列主题都以虚构剧情设定的方式来呈现,也是整个品牌下延伸出来的故事线

　　pzj品牌是国内一家著名人造毛皮公司旗下的外销成衣品牌，为了扩大市场份额，争取更多外单，该公司聘请了一家著名的院校设计机构为其品牌进行策划。由于该品牌缺乏悠久的历史，该设计机构为其虚拟了一个现代女猎人作为品牌人物，赋予这个女猎人干练、机警、果断、睿智的性格特征，这一鲜活的性格正是瞄准了其目标消费群体——都市白领——共有的特征。每年的品牌故事都以这位女猎人展开，不断增加新的内容，丰富这个人物，塑造出栩栩如生的品牌形象。

（五）地域文化

　　系列主题可以暗喻品牌的"血统"，它的取名可以围绕着品牌的诞生地进行，比如情迷巴黎、香艳凯旋门等；也可以选择带有浓郁的当地文化特征，在一定程度上预示着与该地域一致的设计风格，比如蓝色夏威夷、热带雨林之雾等。消费者也因此而习惯性地将系列主题的名称与产品产生一定的联想。

　　以汽车为例，虽然每个汽车大国都有不同品牌、不同档次、不同系列、不同用途和不同价位的汽车产品，但是，人们只要提及某汽车品牌的所在国，就会对该国汽车的品牌风格和产品性能有一个先入为主的印象。美国品牌代表力量和冒险，日本品牌代表灵巧和省油，德国品牌代表技术和耐用，英国品牌代表端庄和豪华，法国品牌代表浪漫与优雅，意大利品牌则是速度与时尚的象征。品牌的血统无处不在，就连相对昂贵的汽车产品也甘愿冒着细分市场之风险，不遗余力地将品牌的血统融入产品中，售价相对低廉的服装产品更是经常更换系列主题的名称，以改变了的地域名称暗示设计风格的变化，在品牌诉求允许的范围内，将服装流行趋势的变化纳入系列产品设计风格变化之中。

五、系列主题的构成

（一）系列名称

　　系列主题应该有一个朗朗上口的名称。系列名称不需要通过工商注册，企业完全可以自行命名。只有一些国际大牌才会将系列产品的名称进行注册，比如，美国杜邦公司将其含有氨纶纤维的产品注册为"莱卡"（LYCRA）。在起名时，应该注意该名称在中外文上的字形、长短、发音，或注意一个品牌内的各个系列及其名称之间的关系。

（二）灵感释义

　　系列主题可以对命名的灵感来源进行释义。由于系列主题通常比较简短，刚接触到这一名称的人一般不能充分理解其原意，因此，必要的释义有助于人们了解灵感来源及因果缘起，也有助于设计团队在理解释义的基础上展开设计工作。释义一旦形成就基本不变，在品牌推广的规定、许可或必要的条件下出现，如视频广告中的画外音、产品手册的图解文字等。

(三) 附属要件

系列主题可以根据适用对象，结合必要的附属要件组合表现。附属要件包括典型图例、产品照片、展开文字、造型概念、细节概念、色彩概念、面料概念等。为了使系列主题的表现达到最佳效果，应该根据不同的使用或接触对象，用最为有效的手段组合表现。比如，面对设计师的系列主题可以是一系列设计概念及图例的组合，对于消费者的系列主题可以是系列名称、广告大片的组合(图 7-16)。

图 7-16　某衬衫品牌的系列主题板、色彩板、面料板和产品板

第三节　设计方案

一、设计方案的含义

设计方案是根据策划结果制定和指导设计团队完成设计任务的行动指南。优秀的设计方案可以使一项复杂、繁琐、长期的大型设计任务实施起来变得有条理、有顺序、有效率，能够降低设计过程中的失误、偏解或返工，使设计工作的结果能够出色地完成它所对应的任务。设计方案应包含该设计任务的目标、要求、步骤、时间与具体的工作划分等基本内容。

品牌服装设计方案涉及服装品牌运作的方方面面，是连接企业品牌经营思想和服装产品具体落实的中间桥梁，需要在正式开展产品设计工作以前全部完成。完整的设计方案一般分为工作部分和产品部分两大板块,前者是关于怎么样完成设计任务的工作上的描述,主要包括指导思想、主要目标、工作重点、实施步骤、政策措施等内容,后者是关于完成什么样设计任务的技术上的描述,主要包括产品结构、设计概念、款式图稿、设计元素、设计数量、设计卖点等关于新产品设计的具体要求。简略的设计方案至少要具备产品结构、设计概念和款式图稿三个最基本部分。

二、 设计方案的特点

(一) 思想活动的结果

服装产品设计方案的特点之一是承载设计思想活动的结果。设计团队经过长时间的酝酿、调研、讨论、修改,最终形成了集团队智慧于一身的设计思想活动结果。这种结果应该通过与品牌的设计风格保持一致的可视化形式表现出来,助力其思想性特征。

(二) 专业语言的表达

服装产品设计方案的特点之二是在形式和内容上使用专业技术手段来表达。设计方案是依靠专业语言来传递设计思想和沟通信息的,为了交流的方便,专业语言的规范性就显得非常重要,可以提高业务交流工作效率。

(三) 反复讨论的结果

服装产品设计方案的特点之三是直接运用于指导团队完成整个设计工作任务。在服装企业,设计方案关系到产品在一个销售季节的市场表现,被赋予了十分重大的责任,各个部门都对其寄予厚望,因此,企业通常对设计方案十分看重,审慎对待,反复进行认真讨论。

三、 设计方案的内容

(一) 产品结构图表

产品结构是指不同类别或相同类别的不同层次产品按照销售目的进行有机排列的比例关系。一般来说,品牌服装设计的产品结构重点放在一个销售季节内的全部产品的比例关系上,也会适当考虑各年度产品系列之间的承接关系。通常而言,产品结构主要体现为基本产品与流行产品、常销产品与促销产品、跑量产品与形象产品等几种不同类型产品的比例关系。在实践中,产品结构将根据每一个具体品牌各自的特点而表现多样,比如素色与印花、短款与长款、外衣与内衣、针织与梭织、高档与中档、长线系列与短线系列等产品的比例关系。

在设计方案中,产品结构以产品结构图表的形式完成。产品结构图表也叫产品框架图表,罗列了准备当季上架的全部产品(即便是准备本季继续销售的往季库存产品也要罗列其中,以便对整盘货品形成整体印象)。其内容一般包括系列名称或设计编号、产品大类、系列分布,以及各系列的款式数量、产品比例、面料成分、色号、规格、价格、上架时段等(图7-17,图7-18)。其作用是帮助设计团队对产品的全貌有一个比较直观的总体认识。在进行具体款式设计时,既可以检查系列之间的关系,也可以填充式地对号入座。如果产品结构图表因产品过于庞杂而罗列不下或不便察看,可以先设计一个产品结构总图表,再按照产品系列设计若干产品结构分图表。

(二) 设计概念图

设计概念图也称故事板、概念板、设计概念板,是一种以比较生动的方法说明设计概念的表现形式,给人一个概念性的产品印象,也是指导产品开发的准则。设计概念图一般由系列概念、造型概念、细节概念、色彩概念和材料概念五个部分组成(图7-19)。

系列	主题名	类目	数量	色彩	面料	款式要点
商务系列	精度	衬衫	1	蓝白	棉	异色领
		恤衫	1	深灰	棉	图腾纹样、半开领
		毛衫	1	灰蓝色	美丽诺	V领、图腾纹样
		西装	1	深灰	毛涤混纺	窄驳领
		风衣	1	深灰	涤纶	大翻领
		羽绒服	1	藏青	涤纶	毛领、双排扣、两件式
		夹克	1	灰蓝	涤纶	针梭织拼接
		派克	1	米色	锦纶	军装细节
		西裤	2	深灰、藏青	毛涤混纺	暗提花
	尺度	衬衫	1	白色	色织	小方领大格纹衬衫
		恤衫	1	香芋紫	棉	图腾纹样、深V领
		毛衫	2	青灰色	棒针	半开领、高领、宽罗纹
		西装	1	灰色	条纹	拼接育肩西装、图腾条纹
		大衣	1	深褐	羊毛	毛皮领、绗棉衬里
		羽绒服	1	咖啡色	涤纶	大贴袋、针织领
		夹克	1	米色	双色格纹	针梭织拼接
		西裤	2	褐色、灰色	毛涤	格纹裤、图腾纹样

图 7-17 某男装品牌商务系列的产品结构图

品类	1000以下	1000—1499	1500—1999	2000—2499	2500—2999	3000—3499	3500—3999	4000—4499	4500—4999	5000以上	总计	价格段	主力价格
吊带/背心	2										2		585、785
T恤	2	7									9	685—1485	1085、1285
衬衫	1	4	3	1							9	885—20 895	1385、1685
毛衣	1	4	9	1							15	985—2485	1585
西装/外套			1	3	1	1					6	1685—3485	2285
羽绒						1		1			2		3885、4585
大衣								1			1		4285
棉衣						1					1		3285
皮衣									1		1		5985
风衣				1	1						2		2685、3285
连衣裙			5	4	2	1					12	1585—3285	1985、2485
半裙		2	2	1							5	1385—2185	1385、1685
裤子	1	2	5								8	985—1885	1685
总计	7	19	25	10	4	4	1	1	1	1	73		

图 7-18 某女装品牌秋波货品的产品结构图之价格表

图 7-19　JK 品牌是以新贵绅士为目标,凸显商务"精致""优雅"时尚风格的衬衫品牌

1. 系列概念

　　系列概念也称主题概念,是指按照品牌定位的产品风格和产品企划中的系列类型,利用一定的平面设计形式,编写精炼的文字,配合具有代表性和视觉冲击力的图片,强化设计诉求的概括性描述。系列概念一般比较务虚,没有非常明确的产品内容,仅仅传达品牌的设计理念,求得观者对该系列或该主题在宏观风格上的认同(图 7-20)。系列概念中的图片可以记载一定量的典型设计元素,使系列概念在指导设计方面更具实效性。

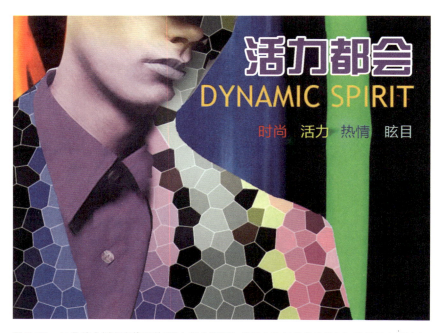

图 7-20　JK 品牌企划案中推出的"活力都会"系列,将都市商务新贵的特征与流行元素相结合

2. 造型概念

造型概念也称款式概念,是指按照系列或产品大类,用数款比较有代表性的造型图表达该系列产品主要造型特点的概念性描述(图 7-21)。服装造型分为整体造型(也称廓形)和局部造型(也称细节),是设计元素的一部分。在造型概念的表达中,主要是指整体造型即廓形的表达,用造型图的形式完成。造型图既可以手绘,也可以利用资料图片剪辑,不必过多地表现服装款式的细节。

图 7-21　JK 品牌"活力都会"系列中衬衫的廓形和领型

3. 细节概念

细节概念是指按照设计风格的要求,以统一于廓形设计为基本条件,选择一定数量的服装局部设计元素,对产品细节设计做出的概念性描述(图 7-22)。细节概念是款式设计元素最集中的体现,用分类图形的方式来表现,作为具体产品设计时的参考。服装的细节设计非常重要,一个别有情趣的细节往往是服装产品的最大卖点,尤其是强调时尚性的服装品牌,特别注重产品细节的设计。细节分为装饰细节和功能细节,装饰细节是指从美观角度出发而不强调功能性的局部修饰,功能细节则是以服装的功能性为主导的局部处理。

4. 色彩概念

色彩概念也称配色概念,是指按照系列或产品大类,选择包含拟采用色彩的资料图片作为色彩灵感的来源,将图片中的色彩归类和提炼,用来表述系列产品色彩形象的概念性描述(图 7-23)。色彩概念一般利用行业内通用的标准色卡表达,可分为主色系、副色系和点缀色系。在产品中,主色系用量最多,副色系用量次之,点缀色系用量最少。根据每个色系的地位和使用比例排列结果,体现了产品的基本色调。

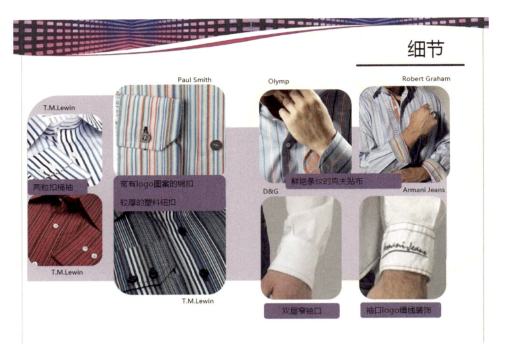

图7-22 JK品牌"活力都会"系列中衬衫袖口的细节

紫色、红色、蓝色系搭配亮黄等色彩构成的彩虹般的色调

白色/亮黄/浅紫红/群青/浅粉绿/橘色/深红/玫红/浅粉/红褐/藏青/天蓝/粉紫/黑色

图7-23 JK品牌"活力都会"系列中衬衫的色彩搭配

5. 材料概念

材料概念是指按照系列或产品大类,结合产品造型要求而选取几组有使用意向的典型材料样品,对产品的材料选择范围所作的概念性描述(图7-24)。在实践中,无论是材料的质地还是色彩,所选取的材料样品应该尽可能与设计概念中的要求一致,根据每一种材料的使用比例和搭配情况排列材料关系,易于观者对产品概念有更为直观的理解。当看中的材料没有合适的色彩时,可以用色卡表示该材料。同时要注意面料供应商批量生产的交货期,不能因为面料无法及时交货而耽误产品的实际生产。

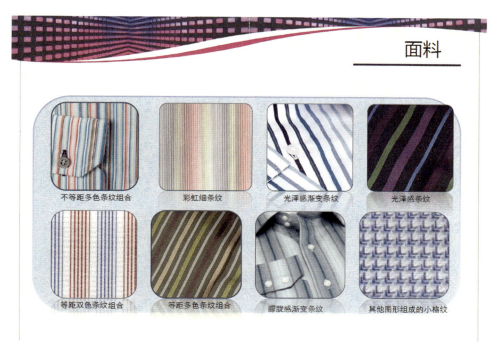

图7-24　JK品牌"活力都会"系列的面料概念板

6. 款式画稿

款式画稿又称款式图、设计稿,是将产品的具体款式用画稿的形式非常清晰地表达出来(图7-25),每一个细节都不得遗漏,必要时,还要画出侧面造型或者局部细节的放大图。内容包括款式造型(正反面)、细节表达、主要尺寸规格、工艺要点及其他说明。由于款式图主要用于企业内部的交流,为了更加简明扼要,款式图可以不必画出层次丰富的着装效果,仅以单线表示款式的平展状态即可。款式图的理想效果是样板师仅凭此图就可以做出合乎设计师原意的样衣。

款式画稿必须认真对待设计细节的表达,有助于后道环节的理解。比如,某个定位印花的设计,不仅要非常清晰地按照实物比例画出正稿,而且要注明标准色号、加工方法、印制部位等内容,如果是绣花,还要注明绣花线的粗细、材质、针法等内容。

款号：B1-1

参考色彩 | COLOR

参考面料 | FABRIC

平面款式图 | FLAT

图 7-25　JK 品牌"活力都会"系列的某个款式画稿

第四节　设计数量

一、设计数量的含义

设计数量即为符合产品企划要求而设计的单品款式之和,根据"投产数量×系数"而定,对备选画稿的数量要求则更多。一般来说,最新设计的款式不可能全部被采纳,总是要留出可供挑选的余地,接受其他部门特别是销售部门的评审,在评审中确定投产的款式才能计入真正的产品款式数量。

设计数量一般以单品计算而不以整套计算,每个单品均有单独货号。产品设计的总数量通常以一个销售季节为单位,也可以按全年统筹。设计数量牵涉到工作量,由设计部门联合企划部门,参考设计工作以往的表现,根据产品属性、资金规模、销售规模和出货时间而确定。

二、设计数量的确定

服装行业通常将一年分成春夏和秋冬两个销售季节,品牌企划均按照这种划分方法进行。有些品牌按自然季节将一年分成春、夏、秋、冬四个销售季节;还有些品牌把一年分为 6 个甚至 8 个销售季节,如 6 个销售季节分别为初春、春、夏、秋、初冬、冬,8 个销售季节分为初春、春、初夏、夏、初秋、秋、初冬、冬。但是,这些分法只是在个别企业内部执行,并非行业共识。

设计数量受到很多因素制约,比如团队能力、品牌规模、选样方法、出货时间等。科学合理的设计数量既有助于控制成本,也有助于加快速度,更有助于提高工作品质。表7-1是一个中等规模服装品牌按照一年两个销售季节中的一个销售季节计算出的不同品牌类型产品目前的投产数量与设计数量之间的比例关系(不包括色号)。在实践中,由于各种各样的原因,企业可以调整这个比例,完成产品设计。

表7-1 产品设计数量列表

品牌类型	投产数量(款)	设计数量(款)	倍率
女装品牌	300～400	600～800	2.5—3
男装品牌	200～250	300～370	1.5—2
童装品牌	150～200	300～400	2—3
量贩品牌	100～150	200～300	1.5—2
运动品牌	100～150	200～300	2—2.5
针织品牌	100～150	100～300	2—3
休闲品牌	300～400	450～600	1.5—3
内衣品牌	100～150	150～230	1.5—2

三、设计数量的构成

设计数量的构成有两层含义,一是按照产品设计不同程序的构成;二是按照不同销售作用的比例构成。不同设计程序或不同销售作用对设计数量均有不同的要求。由于设计中存在许多不确定因素,不是所有设计出来的款式非制成样衣不可的。为了减少设计成本,对样衣的控制从设计画稿环节就开始了。如果从样衣中挑选出来的合格款式的数量不足计划投产的数量,则要求再补充设计,直到达到计划投产的数量为止。

(一) 不同设计程序的设计数量构成

按照产品设计的先后程序,可分为初步设计和最终设计。前者是按照设计方案的要求所开展的初步设计工作,得到的设计结果是设计初稿。这一阶段对设计初稿的需求量很大,希望用一定的数量保证设计评审时有足够的挑选余地。为了节省时间,其画稿一般以草图形式表现;后者是根据评审的修改意见而进行的深入设计工作,得到的设计结果是修改稿。这一阶段对设计画稿的品质要求较高,希望用较高的设计品质保证样品试制的成功率。为了规范表示和便于储存,其画稿通常采用电脑软件绘制。

通常情况下,初步设计的款式数量要大于最终设计款式数量的2～5倍,按此比例推算,初步设计的款式数量约为投产款式数量的5～10倍甚至更多。以女装为例,如果一个品牌在某个销售季节的实际投产款式为100个,那么应该制作200个左右的样衣供定样时挑选,而样衣制作前的设计草稿至少是500个。

(二) 不同销售作用的设计数量构成

按照销售作用的产品设计,可分为常规产品设计、流行产品设计和点缀产品设计。常规产品在销售中发挥主力军作用,等于是品牌中的保留产品,此类产品款式已经基本成熟,因此,不需要太大比例设计款式即可成功。流行产品在销售中发挥生力军作用,属于品牌中的潮流产品,此类产品没有十分成功的把握,因此,款式数应该采用可较大范围挑选的比例。点缀产品在销售中发挥衬托作用,属于品牌中的点睛产品,此类产品本身产量十分有限,因此,设计款式数可以由设计师酌情把握。

被赋予不同销售作用的产品按不同比例构成之后,决定了产品在终端卖场上的基本面貌。由于每个品牌的目标诉求和经营模式不同,各类发挥销售作用的产品比例也不尽一致,无法笼统地确定,应该实事求是、因地制宜地灵活掌握。事实上,市场销售的表现往往并不完全按照事先设定的目标进行,产品的既定销售作用可能会发生很大变化,因此,设计数量的构成需要在实践中不断摸索,形成符合某个特定品牌自身特点的规律。

第五节 设计卖点

一、设计卖点的含义

设计卖点也称产品卖点,是指能够促进产品形成销售的显著设计特征(图 7-26)。产品的设计卖点也是消费者的买点。消费者在购买产品时,需要一定的理由,除了消费愿望等主观因素或气候变化等客观因素构成其消费意愿,还需要一个产品本身足以促使其实现购买的理由,这个理由就是卖点。

卖点有设计卖点与材料卖点之分,两者在大部分情况下意思相同,略有差异之处是,材料卖点是产品与生俱来的,一些稀有的天然材料不经任何加工,就可以作为卖点。比如,北欧的动物毛皮的优秀质量就是卖点。设计卖点具有设计的意味,是通过设计师的想象力、创造力和表现力"设计"出来的,因此,设计卖点是可以制造出来的。

设计师把自己对消费者需求的理解,用自认为颇为贴切和有吸引力的方式,将设计卖点放入具体的产品中。然而,好的卖点可以引起热销,差的卖点却会造成滞销,如果设计师对此拿捏不准,或出现感觉偏差而一厢情愿地制造所谓卖点,就可能弄巧成拙,导致自以为是的设计卖点无人问津。因此,设计卖点的制造能充分反映出设计师的智慧。

图 7-26 Sillage 品牌 2023 春夏款式的设计卖点聚焦于多彩的拼补设计

二、 设计卖点的特点

(一) 鲜明性

设计卖点的鲜明性是指由卖点带来的产品具有非常明显的差异化特征。明显的设计卖点可以强化品牌形象,是产品差异化的表现。只有具备差异化的产品,才是易于被认知的品牌。形式上的差异化不难做到,让消费者能够接受的差异化却并非易事,没有相当程度的重视和投入,很难达到预期目的。

(二) 微观性

设计卖点的微观性是指卖点通过产品上实实在在的具体细节体现。如果把产品企划理解成宏观设计的话,那么,产品卖点的设计就是微观设计。卖点的微观性要求按照话题化、细节化、单一化的原则,对待设计卖点的具体处理。

(三) 需求性

设计卖点的需求性是指任何设计卖点都必须符合消费者的需要。无论是物质或精神的需求,还是有形或无形的需求,卖点就是为了满足需求而设计的。如果卖点不能触及消费者的痛点,就不能成为卖点。因此,卖点的提炼应该针对产品所设定的目标受众(图7-27)。

图 7-27 国内某羽绒服出海品牌针对海外市场的客户需求,凭借高性价比的产品和出色的质量在海外走红 4 年,成为羽绒服领域的黑马

三、 设计卖点的构成

(一) 设计元素

利用设计元素来制造设计卖点是最常见的出发点。根据设计元素的特点,造型元素、色彩元素、图案元素、面料元素、装饰元素等显性设计元素容易成为视觉上的设计卖点,往往为前卫品牌采用;材料元素、形式元素、结构元素、工艺元素等隐性设计元素则为经典品牌常用。当任何一种设计元素的质态、形态或量态经过处理,成为消费者乐意接受的产品特色时,设计卖点便获得成功。

(二) 产品大类

服装企业都希望拥有一个或一批能够长期支撑其品牌地位的独具特色的拳头产品。这类产品一般先以概念产品面世,经过市场认可以后,便迅速推广。这类产品的设计卖点在于品种而不是细节。利用设计方法中的结合法,可以得到此类产品。在产品的功能上,利用新型面料特定的功能,探索新的设计卖点(图 7-28)。

图 7-28　某国产化妆品品牌凭借雕花口红获得消费者的青睐,这一产品也成为该品牌的品牌符号

■ **案例**

在传统内衣稳坐江山之际,Y 公司独辟蹊径地推出了"保暖内衣"的概念,这一并不成熟的产品在尚未来得及充分暴露缺点之前便立刻蹿红大江南北,甚至出现了产品刚一下线便立刻被在 Y 公司门前停满的提货卡车运走的"井喷"现象。然而好景不长,该产品因缺乏核心技术而被严重仿冒,不久,保暖内衣以铺天盖地之势充斥国内所有内衣市场,硝烟弥漫的价格肉搏战旋即展开,同类产品从最初的 388 元/套跌至 25 元/套,这一当初的新概念几乎成了滥货的代名词,眼看市场利润几近零点,一些有眼光的内衣品牌不敢恋战,又相继推出了"美体内衣""保健内衣"等新概念作为卖点。

(三) 品牌文化

品牌文化是制造设计卖点的锐利武器。只有把品牌文化的部分内容演化为视觉化图形时,基于品牌文化的设计卖点才能呼之欲出。在具体处理时,可以将体现品牌文化中最有视觉效应的内容列出,尝试视觉化图形开发,经过严格的筛选整理,使之成为可以用在产品上的新的设计元素(图 7-29)。

(四) 极致处理

普通设计元素经过极致化处理,设计卖点即会产生。极致化不是形与色的极度夸张,那么做的结果是对设计卖点的浅表化理解,是一种设计上不成熟的表现。极致化可以理解为设计元素向精度和深度方向发展,做专、做细、做透、做精是极致化的主要处理手段。

图 7-29　某商务男装品牌将其 LOGO 进行延伸设计,不仅可以在面辅料及吊牌等系统中应用,还与每季的开发主题相结合,持续输出品牌文化的特点

四、设计卖点的确定

(一) 思索与发现

以发散性思维方式,不受限制地寻找和借鉴高端品牌的成功做法,分析其设计卖点及其相互关系,在题材、图形、材质、色彩、大小、数量、加工手段、使用部位等方面进行思考。在研究与其他品牌卖点的差异点基础上,非常慎重地选择设计卖点,避免在卖点的形式和内容上发生撞车现象。

(二) 罗列与筛选

通过对市场需求点和流行趋势等要素的分析,理出头绪,对想要采用哪些设计元素作为卖点,做到有根有据。在考虑市场能否接受的同时,将这些候选设计元素一一罗列并排序,筛选出能"卖"的部分。

(三) 表现与适度

每推出一个设计卖点,都应该有充分的理由,这个理由首先要说服企业内部成员,其次才能打动消费者。虽然经过一定努力找到了设计卖点,但是,其表现尺度又是一个重要问题,是张扬还是含蓄? 是重彩还是淡抹? 应该在品牌风格引导下,根据设计元素应用原理,恰到好处地处理设计卖点。

第六节　流行信息

一、流行信息的含义

流行信息即包含在流行事物中的属性标识的集合。在服装行业,流行信息以服装产品为介质和载体,传递和反映服装的存在方式和运动状态等表现特征。在本质上,流行信息的作用是用来消除某个时间段内的市场不确定性因素。

流行信息由流行的意义和流行的符号组成,通过一系列图片、文字、材料、影像直至具体的服装产品表现出来(图7-30)。从存在时间上看,流行信息包括三个部分:过去的流行信息、当下的流行信息和将来的流行信息。熟悉过去的流行信息是为了追根溯源,发现可以利用的设计元素素材;了解当下的流行信息是为了知己知彼,避免即将推出的产品与当前产品如出一辙;掌握未来的流行信息是为了判断预期,消除未来结果中的不确定性因素。因此,在实践中,流行信息更趋向于流行趋势预测。

图7-30　流行事物可以产生跨行业影响,流行信息则相对集中

二、 流行信息的特点

(一) 时间的超前性

流行包含着时间因素,如果脱离了时间因素,服装产品本身并无所谓流行与否,只有在合适的时间内推出合适的产品,流行才成为可能。企划阶段的服装设计必须带有一定的超前性估计,通常比产品上柜日期提前半年至一年开始,设计的眼光应该有预见性地超前半年至一年。

(二) 扩散的从众性

催化流行现象扩散的重要原因之一是消费者普遍拥有的从众心理。从众就是求得社会的承认,过分怪异的与其社会阶层格格不入的服装会连同它的穿着者一起被这个阶层抛弃。服装的流行与流传是自愿的、自由的和可选择的,只有当服装产品具有被人们普遍认同的共性,其才能得以大面积的推广。

(三) 穿戴的实用性

服装实用程度的强与弱和产品使用频率的高与低有关,而使用频率的高低与使用成本的高低有关。只有当一个产品能够被经常穿着时,流行才成为可能。穿着次数频繁,易于促成人与人之间的信息传递,具有相对成本低廉的优势,比如,难得穿着的高级礼服因其使用频率低、使用成本高而难以流行(图7-31)。

三、 流行信息的内容

(一) 面料

面料的流行主要体现在面料的成分、质地、织造、手感及新技术赋予面料的功能。在性价比允许的情况下,新产品设计应该尽量运用新面料,市场上从未见过的新面料本身就有可能成为

图 7-31　高定礼服因穿着的频率相对较低，往往更注重传承和工艺，潮流元素在这一类产品上的呈现并不突出

一个新的卖点，往往有着很大的市场期待。

（二）辅料

新颖辅料的不断面市，说明了辅料也有一定的流行性。从表现形态上看，隐藏在面料后面的辅料主要强调的是其功能，帮助服装达到品质上的要求；而表露在面料外面的辅料则具有相当的外观要求，是不可忽略的设计元素。

（三）色彩

色彩对于服装的重要性已不用多说，有些消费者挑选和购买服装的第一动因就是服装的色彩。因此，色彩的流行感是服装设计的主要内容，国际国内都有专门的流行色研究机构，每年都会定期发布最新的流行色信息（图 7-32）。

图 7-32　某针织趋势中的色彩流行信息，除开系列色票外，往往还会针对重点流行色和色彩搭配方式进行说明

（四）款式

实用服装的流行款式，大多是在已有的传统款式范围内寻找与当今流行口味一致的款式，通过细节的变化、材料的选择、色彩的搭配、图案的创新、领域的互跨、功能的增删、元素的转换，创造出崭新的产品。

（五）图案

图案是服装设计中非常活跃的元素，从图案的题材、形式、色彩、制作上来看，其丰富性甚至超过服装,因此,大型品牌服装公司对每季图案的使用都非常重视,甚至开发独家使用的图案(图7-33)。

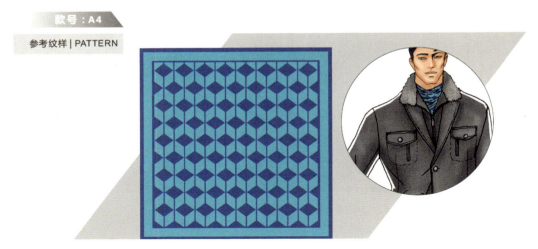

图7-33 某男装品牌根据潮流要素和品牌特点开发的季度产品图案

(六) 搭配

搭配是指服装与服装、服装与饰品之间的组合方式。同样的服装,穿着或搭配的方式不同,其外观效果也不会相同,如今的混搭方式更是人们趋之若鹜的搭配风格。因此,服装的穿法或如何搭配,也会成为令人关注的流行的内容。

(七) 结构

作为将设计从图形变成实物的桥梁,结构的细微处理可以体现出流行的特征,因此,结构也有流行与非流行之分。一个好的服装结构有两层含义:一是合理性,即该结构的尺寸配比、线条处理都比较科学,穿着舒适;二是流行性,即该结构的廓形具有当前流行样板的特点。

(八) 工艺

工艺保证了产品的加工品质。工艺也有流行与落伍之分,它不是一个将衣片简单拼合的过程,而是一个让衣片的合成更为美观、合理的不断进步的过程。工艺改革的亮点往往是一些品牌津津乐道的资本,也是深谙品牌服装内涵的高品位消费者选购服装的要点。

四、 流行信息的利用

(一) 个性与共性兼顾

品牌的个性与流行的共性是构成流行事物的两个组成部分。品牌需要个性,但过强的个性会缩小受众范围。品牌中的共性因素太多,又会被流行同化而失去个性。因此,对于流行信息的利用,每个品牌都要根据自己的调性,兼顾个性与共性设计元素,慎重确定使用的内容及其比例。

(二) 重视流行的象征性

消费流行服装解决的不是人们的基本生活需求,而是满足其消费欲望,祈求因象征带来的认同。因此,如果流行信息中存在某些能够引起丰富联想、具有鲜明象征意义的流行设计元素,或者通过一定组合,能够达到这些要求的,则要尽量注意多多利用这些信息。

(三) 信息利用的适合性

由于每个国家或每个地区的文化背景、经济水平和社会习俗等不同,品牌利用的流行信息并不是"最新潮即最好",而应该是"最合适才最好"。尤其对于意识观念不太一致的社会形态而言,往往会产生"此高雅彼恶俗""此新颖彼陈旧"等流行倒错的现象。

(四) 信息的有效提炼

在可能会造成信息恐慌的巨大信息量中,一个品牌能直接利用的流行元素仅仅占全部流行信息中的一小部分,人们需要具备很强的信息处理能力,善于在浩如烟海的信息中发现和提炼最基本的流行元素,有效提炼流行信息,不要被没有利用价值的信息所迷惑。

第七节 辅 助 内 容

一、辅助内容的含义

辅助内容是指为了配合设计工作的展开、检验和完成而存在的协助性事物。如前所述,品牌服装设计具有规范性、计划性、完整性的特点,其中,规范性和计划性依靠一系列工作制度等实现,属于设计管理领域的内容。完整性是指一项没有损坏或残缺的设计工作的应有部分,其全部内容由主体内容与辅助内容组成。

辅助内容的重要性因设计场合而异,每项内容包含的信息量也不同。在此,设计场合是指设计工作的环节或设计团队的规模,用复杂或简单加以区别。工作环节多或团队规模大,意味着设计场合复杂,反之,则意味着设计场合简单。在复杂的设计场合,环节之间或团队之间的工作摩擦增加,需要用辅助内容帮助设计工作的有序化进行,因此,辅助内容的重要性也随之增加;相反,简单的设计场合因环节层级或团队成员有限而减少了工作摩擦,辅助内容也相对简单,但是,一些必要的辅助内容仍然不可缺少。

在实践中,设计方案的辅助内容主要有设计编号、产品编号、产品标识三个部分。

二、辅助内容的构成

(一) 设计编号

设计编号在企业内部使用,一般用于设计画稿的序列编制,方便检查和评审时识别。设计编号的编制根据是产品企划时规定的产品系列和具体款式的数量,其反映的信息量较少。由于设计结果首先呈现的是样品,而比较简略的样品制作一般不需要做全所有色号或全部规格的样品,因此,设计编号一般不必反映色彩或规格等信息,通常只要能反映系列和款式的基本信息即可。

设计编号与产品编号的使用场合不同,其编制方法不必过于复杂,只要设计部门能够分辨即可。设计编号仅仅用于设计阶段,如果设计画稿因入选或淘汰而需要增补新的设计,或因为产品系列需要调整,原来的设计编号就会因中断而跳号。为了设计编号的连续性,在全部设计方案通过审定以后,可以对出现跳号现象的初步编号重新进行连续编号,放入完整的设计方案。

设计编号一般以一个系列为单位,按自然顺序编制流水号,其基本格式是产品系列编号在前,具体款式编号在后,中间可用横杠连接。比如,1-3 表示第一系列的第三款,5-20 表示第五系列的第二十款。如果企业运作的多个品牌需要同时进行产品设计,可以在上述编号之前加上品牌缩写字母,以示其编号的专属性,防止不同品牌之间设计编号的混淆。比如,G1-3 表示 G 品牌的第一系列第三款,X1-3 表示 X 品牌的第一系列第三款。如果确实还有其他特殊信息需要在设计编号中反映出来的,可以先把这些信息设定一个代号,并将此代号加入设计编号中的相应位置。

随着产品编号的启用,设计编号将完成历史使命。此时,设计编号仅在设计资料存入产品设计数据库时发挥作用,方便设计资料的整理和调用。

(二) 产品编号

产品编号是指能够反映产品信息的有顺序的号码。产品编号在企业内外都可使用,主要用于在产品的生产、仓储、流通环节中识别管理信息。产品编号的编制根据是生产合格的、可实际投放市场的产品系列和具体款式的数量,其反映的信息量较多,如类型、款号、色号、材质、规格以及年份等信息,方便货品的条形码管理,因此,产品编号反映的信息比设计编号反映的信息多。

在企业内部,用 SKU 表示产品编号。SKU 是 stock keeping unit(库存量单位)的英文缩写,原意是库存进出计量的基本单元,被引申为产品统一编号的简称,通常以单品为单位,每种产品均有对应的 SKU 编号。真正的 SKU 概念比较复杂,即当一种商品的品牌、系列、规格、材料、色号、图案、等级、用途、功能、包装、容量、单位、价格、生产日期、保质期、产地等属性中的任何一个属性与其他商品存在不同时,就是一个 SKU。

当样品被确认投产为产品,并经检验合格后,才能使用产品编号。因此,产品编号相对比较固定。如果遇到因原有产品销售不畅等缘故而需要临时补款的情况,需要为这些新增加的款式补充产品编号。

差不多每个品牌服装公司都有自己的产品编号方式,一般是根据企划部制定的编号规则完成。由于服装产品的品种数比家电等产品多得多,这给服装产品的编号工作带来一定困难。不管哪种编号方式,一般都要求用最简单的数字或字母反映出产品的属性,比如,品牌—季节—产品类别—面料属性—年份—系列—品种—色号等信息,使有关人员一看编号上的缩略语或代号,就能知道该产品的大概情况,便于产品在生产、销售和仓储等环节中的管理。

目前,二维码技术是一种广泛使用的商品信息技术,它能够反映出制造商、产地、品种、价格、服务、物流等几乎所有的商品信息,便于商品在流通领域的管理,缺点是不能用肉眼读取并识别其中包含的信息。

■ **案例**

W 服装公司拥有 G 品牌和 L 品牌,在其《产品管理纲要》中,有关产品编号方式摘录如下:

为了便于商品管理,所有产品必须有编号和说明。

……商品编号即款式编号,在商品策划和款式设计阶段由设计部门确定,其他任何部门不得任意更改。完整地描述一个产品必须由商品说明和商品编号两个部分组成。

(1)商品说明

商品说明是指用简单明了的文字,说明某一产品的概貌,主要面对消费者使用。商品说明由三个部分组成。

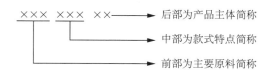

后部为产品主体简称

中部为款式特点简称

前部为主要原料简称

例：全毛饿驳领西装、毛涤华达呢直筒西裤

7 商品编号

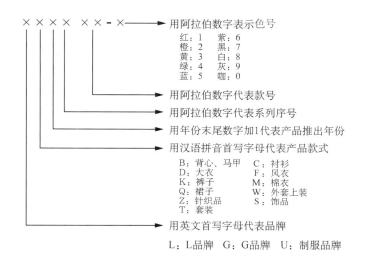

用阿拉伯数字表示色号

红：1	紫：6	
橙：2	黑：7	
黄：3	白：8	
绿：4	灰：9	
蓝：5	咖：0	

用阿拉伯数字代表款号

用阿拉伯数字代表系列序号

用年份末尾数字加1代表产品推出年份

用汉语拼音首写字母代表产品款式

B：背心、马甲　　　C：衬衫
D：大衣　　　　　　F：风衣
K：裤子　　　　　　M：棉衣
Q：裙子　　　　　　W：外套上装
Z：针织品　　　　　S：饰品
T：套装

用英文首写字母代表品牌

L：L品牌　G：G品牌　U：制服品牌

例：GQ72025 代表 G 品牌裙子 2006 年 2 系列第 02 款蓝色
LZ51134 代表 L 品牌针织品 2004 年 1 系列第 13 款绿色
LK27061N 代表 L 品牌裤子 2001 年第 7 系列第 6 款红色
▲在色号后面加"N"表示男装，不加表示女装。

(三) 产品标识

产品标识是指以吊牌、洗涤标、成分标、号型标等形式附加在服装上的物件，是产品销售不可缺少的内外包装的一部分。产品标识除了要符合国家工商管理部门对文字和数据等内容的有关规定以外，其美术设计形式、外观质量和制作质量也是至关重要的，它是完整的品牌形象不可缺少的一部分，直接或间接地影响到产品的销售。

产品标识是否齐全是区分品牌产品真假的检验标准之一，有些企业特别设计一套复杂的防伪产品标识，以显示自己的纯正出身。在品牌服装公司里，产品标识由设计师在设计稿中指定。

1. 主标

主标又称主唛，是缝合于产品内里显眼位置的表示品牌名称的最主要标识，起到方便顾客翻看和识别品牌的作用（图 7-34）。主唛的主要内容是品牌 LOGO，即商标注册图形，也可以将公司名称放入。主唛的材质有多种，一般以人造丝提花织造为主，称为织标；还有是以人造丝带印刷，称为印标，其档次较低；也有用橡胶、金属等其他材料制成的标牌。主唛的外观应该简练、醒目、精致，给人留下好的印象。目前，有些服装将主唛作为设计元素之一，缝合在产品表面作装饰，起到强化品牌标识和装饰的作用，如休闲装、运动装等常以这种方式处理标识的位置。

图 7-34　主标

2. 洗涤标

洗涤标又称洗水唛,是缝合在产品内里不太显眼处的表示产品洗涤说明的标识,起到向顾客传递该产品正确的洗涤方式的作用(图 7-35)。服装材质种类繁多,洗涤方式也各不相同,正确的洗涤方式是保证产品售后品质的重要环节,很有必要向顾客说明,它也是产品在洗衣店因洗涤原因而引起质量问题时的索赔依据。洗涤标上主要包括洗涤方式、干燥方式、熨烫方式等内容,一般以人造丝印刷或转移印花的方式制作。

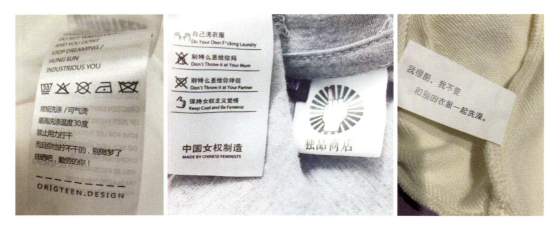

图 7-35　不少服装品牌将文案藏进了小小的水洗标里,不仅简明清晰地阐述了洗涤方式和要求,还能传递品牌价值

3. 成分标

成分标又称成分唛,是缝合在产品内里不太显眼处的表示产品材质成分的标识,起到向顾客说明产品材质成分的作用。分为面料成分(包括主要面料成分和次要面料成分的性质和含量)和里料成分。成分标上的内容不是随意标注的,而是要与权威质量检测机构的检测报告一致,否则,将会受到工商部门的处罚或消费者索赔。有时,成分标不以独立的标志形式出现,而是与洗涤标或号型标印制在一起(图 7-36)。

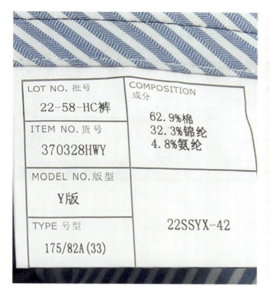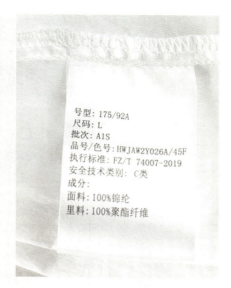

图 7-36　成分标常常与号型标印制在一起

4. 号型标

　　号型标又称尺码带,是缝合在产品内里显眼处的表示产品尺寸规格的标志,起到向顾客说明产品规格大小和版型特点的作用。顾客将按照号型标上所标示的号型选择与自己身材匹配的产品,每个品牌都有自己固定的号型系统。目前国内服装企业主要采用国标号型系统、美式号型系统和欧式号型系统。号型标通常比较细小,仅 1cm 左右见方,一般与主唛缝合在一起(图 7-37)。

图 7-37　号型标

5. 吊牌

　　吊牌又称吊卡,是五种产品标识中唯一不与产品缝合在一起的标识,可以方便地从产品上取下(图 7-38)。其作用仅仅是在销售时向顾客传递商品的基本信息,服装正式开始穿着即意味着吊牌的使命结束。吊牌上主要有货号、品名、成分、价格、产品执行标准编号、质检、品质等级、使用说明、洗涤方式、质量保证、公司名称、地址、电话等产品信息。吊牌的材质主要是硬卡纸,也可以用塑料等聚合材料,形式有单层、双层、折叠式等,配以丝线或尼龙线吊挂在产品的显眼位置上。目前,大型百货商场一般都要求吊牌上有条形码或二维码。

图 7-38　吊牌

吊牌也是顾客退货的重要凭证之一,当顾客发现产品与吊牌内容不相符时,可以据此提出退货要求,有些吊牌还附有独立的质量保证书。

第八节　设　计　沟　通

一、　设计沟通的含义

设计沟通是指设计部门内部或与其他部门之间进行的与设计工作有关的业务信息交流形式,包括业务信息的发送、传递和接受,并获得理解和预期反馈,达成共同协议的整个过程,其最基本的目的是激励或影响人的行为,协调设计资源,使设计师的思想和才能得到最有效的发挥,产生设计概念与设计结果相一致的最优秀的设计,并获得有关部门对设计工作成果予以确认。

一个完整的设计沟通过程应该由三大要素构成,包括目标、方法与协议。首先,沟通应该设立明确的目标。在讲求效率的现代职场,正常的设计沟通必须有明确的目标,为了解决问题、互换信息或交流观点等目的,建立沟通机制,创造沟通机会;其次,沟通应该使用一定的方法与技巧。沟通的技巧有时候重于沟通的内容,重点在于对方认为己方的沟通方式是否适合,同样的问题在不同的语境下用不同的词汇、表情或语气,将获得截然不同的沟通效果;最后,沟通应该达成共同的协议。在很多情况下,沟通的实质就是谈判,只不过谈判这一字眼显得有些严肃和拘谨,沟通显得宽松和亲和一些罢了。沟通的根本目的在于双方形成一致意见和看法,即使一时因意见分歧难以达成共识,也应该有一个阶段性结论,作为双方进入下一轮沟通的基础。

二、　设计沟通的载体
(一) 画稿

服装设计中的一部分工作是款式设计,没有可视媒介的参与,款式设计的沟通将变得非常困难。利用画稿进行设计沟通,具有直观、方便、节省的优点。单纯的语言或文字在设计沟通中只能起辅助作用,这是因为语言和文字都是抽象的,仅凭它们无法表达清楚可视形态。画稿包括纸质和屏幕页面两种,后者更为便捷。

(二) 实物

利用实物进行设计沟通，具有直观、真实的优点，但是其成本较大。从设计角度来看，虽然合乎规范的画稿与实物只有平面与立体的差异，配合着面料小样，完全可以根据平面的画稿估计出立体的实物效果。但画稿无法达到体验实物的目的，因而实物在沟通中不可或缺。

(三) 文字

在画稿和实物还不能完全表达设计意图的情况下，必须配合一定数量的文字，用来表达一些非视觉内容或对画稿和实物的补充说明，包括设计思想、主题介绍、工艺说明等。在此，文字可分为技术性文字和描述性文字，前者是比较精炼而准确的文字，后者是比较发散和想象的文字。

(四) 数据

在沟通内容中，应该尽可能提供一些真实可靠的数据，让参与沟通的人员在判断上有明确的参考标尺，便于求得各方达到理解上的一致。特别是不能或者不需要用图像表示的内容，如市场销售统计、客户反馈意见等，更需要依靠翔实的数据来表示。

三、设计沟通的流程

(一) 预定基本流程

设计沟通需要做好专业方面的基础准备，包括可供沟通或需要确认的材料、信息、方案、模型、样品等。对目前的工作进度、遇到问题等进行归纳和提炼，同时做好人员安排，选择沟通时机，商定沟通方法，制订沟通流程。由于发起沟通者和参与沟通者的立场不完全一致，特别是遇到决策性沟通场合，各方面的观点可能会发生激烈冲突。因此，为了保证沟通的有效性，发起沟通者务必提前做好功课，了解对方的沟通诉求。

(二) 挑选参与人员

在进行外部沟通时，特别是在与外部客户的初步沟通中，应该通过交换名片、试探交流等方式打听和获知对方参与沟通的人员真实身份。遇到与沟通内容无关的闲杂人员时，应该注意回避核心内容，防止泄密。尤其不能让可疑人员混入产品发布会等现场做出拍照、摄像等举动，否则，极有可能将全体产品开发人员的大量心血拱手让给有意抄袭者。

(三) 做好心理准备

沟通的最终目的是为了解决问题，而不是吹毛求疵或相互推诿。被确认方应该以充满自信的态度，用饱满的工作热情，对沟通内容事先做足心理准备，控制好自己的情绪，以正确的态度接受确认方的指责和建议。

(四) 务必遵守时间

遵守时间是尊重对方的职业化表现。现代商业社会中的每个人都有自己的工作安排，"时间就是金钱"的观念是最基本的职业操守。遵守时间表现为己方人员提前进入现场调试设备、沟通会议的准时开始与准时结束。

(五) 借助技术手段

在进行产品设计沟通时，应该借助现有的技术手段，如通过多媒体技术与实物展示相结合，将图片或影像资料插入其中，做成精美的演示文件，有助于条理化地阐述通盘计划，形象化地展示设计概念。为了便于异地及时沟通，可采用视频会议进行。

(六) 当场确定意见

为了节省时间和减少环节，达到对沟通结果做出快速反应的目的，在条件允许的情况下，某些意见应该当场采纳，比如对文案方面的意见可以当场通过电脑进行调整和修改。对样品的修改建议可以立刻用记号表示，或直接在样品上修剪。尽可能避免专业沟通时最为忌讳的议而不决的现象产生，这种现象不仅影响计划进度，而且会增加部门工作量。

四、设计沟通的技巧

(一) 充满自信的态度

必要的自信心可以感染对方，获得对方的尊重。如果连自己也对事情缺乏自信，又如何去说服别人呢？这种自信是建立在对专业知识掌握的基础之上的，表现为职业化的、有理有据的陈述，而不是漫无边际地妄自尊大。

(二) 体谅他人的言行

所谓体谅是指设身处地为别人着想，在换位思考之后，体会对方的感受与需要。这种体谅建立在专业基础上，不是无原则迁就。由于一方的尊重，另一方也会相对体谅对方的立场，做出积极而合适的回应。

(三) 适当地提示对方

即使是与下属沟通，也应该在问题出现的时候，采用有节制的提示方式提醒对方注意可能产生矛盾与误会的原因，任何尖锐的提示方式都会刺伤对方的积极性，无意间为自己能获得理解设置了一道屏障。

(四) 有效地直接陈述

在尊重对方的前提下，直言不讳地告诉对方自己的要求与感受，让人感受到你的坦诚，可以有效地帮助你建立良好的人际网络，不过要记得沟通中的"三不说"原则：时间不合适不说、场合不合适不说、对象不合适不说。

(五) 善用询问与倾听

用询问与倾听的行为来表达自己的沟通态度、了解对方的立场、诱导对方发表意见，进而对自己产生好感。在工作沟通中，如果能随时随地仔细观察并且重视他人的情绪表现，就能据此摆正自己的位置。

(六) 语言与实物并用

服装设计的工作结果是以实物形态体现的样品，实物在沟通中起到一目了然的作用，即使采用绝对专业的语言，往往也无法清晰地表述人们见所未见的事物，所谓"百闻不如一见"。如果一时没有实物，可以用实物图片表示。

(七) 做好沟通的记录

为了使沟通结果在下一环节的工作中得到体现，应该重视沟通过程的记录，将各方发表的意见以及表决结果等记录在案，如会议记录、个人笔记等，此时，最好不要使用录音机、摄像机等可能会让人产生压抑感的现代化记录工具。

(八) 注意形象与次序

在正式沟通场合，设计团队往往会组成一个沟通小组，参与内部或外部沟通活动，这里的形象除了一般意义上的外在形象以外，特指用专业化和职业化形象，获得别人的尊重。小组成员在沟通中的作用应该有所分工，具体表现为有序发言、主次明确。

第八章
常见弊病与应对策略

由于社会的经济发展、文化氛围、教育水平，产业的门类分布、配套程度、产出能级，地方的民风喜好、生活习俗、气候差异，企业的成长历史、现有规模、经营能力、人才品质等方面的不同，品牌服装设计在实践中会有形形色色的表现，也会遇到方方面面的问题。有些是相同原因出现不同结果，有些是不同原因出现相同结果，更多的是某个结果由多个原因综合造成。本章将从目标认知、工作方式、执行力度、资源配置、结果呈现 5 个方面，把当前存在的问题归纳出几种主要情况，分别指出其表现、原因和应对办法，避免读者在今后的工作中重蹈覆辙，从而能够及时从容应对。

第一节　目标认知方面

一、 生存环境欠梳理

(一) 表现

在不甚了解或自以为了解了品牌生存内外部环境的情况下,企业打算采取"边干边学""在前进中调整"等做法,过早地开始品牌的创建、提升、调整等一系列品牌建设项目操作,因心理准备、人才准备和物质准备均不够充分,各种"没想到""不到位""没人干"等与生存环境相关的问题此起彼伏,包括设计团队在内的整个品牌运作团队将不断出现临时救火、疲于应付的忙乱现象,违反了"适者生存"的竞争法则。在组建设计团队时,因企业地理位置不佳或配套条件不全等原因而应聘者寥寥无几。

(二) 原因

1. 唯恐错过风口,急于抓住时机

出于外部竞争压力或内部发展需要,企业希望能抓紧时机发展品牌事业,急于享受看似优惠的地方政策,错判品牌服装生存环境,在基础工作准备不足的情况下,依然仓促上马尚不适应品牌服装生存条件的各项工作。

2. 产业配套不足,缺少技术支援

各地区服装产业发展不平衡,有些地区难以提供必要的技术支援。即便在服装产业相对发达的地区,其产业链也都各有所长、各有所短,企业过早实施一些工作计划显得勉为其难,产品开发工作得不到良好的技术协作。

3. 有违地方战略,不受地方重视

各地方政府都制定了符合本地产业结构特征的经济发展战略,配套出台一些扶持政策,有主有次地形成产业特色。如果服装产业未列入该地区产业扶持范围,将难以聚集正常开展品牌服装设计工作所需要的专业人才。

(三) 应对办法

1. 摸清企业家底,制定务实计划

从企业内部的实际情况出发,认真审计服装业务的经营业绩,盘点现有资源和潜在资源,看清品牌症结所在,引入外部专业智慧,改善设计工作微观环境,制定符合本企业服装品牌生存,尤其是产品开发特点的品牌建设计划。

2. 寻求产业支持,营造生态系统

以本企业为中心,就近寻访周边地区能够提供产业链支持的配套企业,建立基于优先级考量的技术档案,努力扩展和维护良好的产业链互利关系。在产品开发工作上,营造响应及时、互惠互利、资源共享的生态化合作关系。

3. 认清生存状态,真正了解政策

认真仔细地阅读地方政府的产业发展相关政策文件,比如类似《企业技术创新扶持办法》《产业升级转型项目申报指南》等文件,精准深刻地领会这类文件核心精神,尽可能从中争取到有助于企业和品牌发展的有利条件。

二、 品牌规划不现实

(一) 表现

有些企业在制定品牌发展规划时,容易将品牌追求的目标基调定得较高,常常脱离现实地喊出"争创国内 XX 服装第一品牌"之类的豪言壮语,行之有效的配套举措却鲜有推出。更有甚者,一些企业品牌规划的主要目的意在哗众取宠,明知目标不可实现,依然以"需要自我激励"等名义,高调行事,宁大不强。比如在短期内盲目地扩张企业实力无法承受的店铺数量、大肆开展缺乏销售业绩支撑的广告宣传、不切实际地推行多品牌战略等,背离了服装品牌的正常发展轨迹。在设计风格方面,提出与当前企业文化极不相称的反向风格追求。

(二) 原因

1. 外行草率决策,违背品牌规律

不懂行或初入行的决策者由于对服装品牌发展规律不了解,实际操作一个品牌的经验不足,因为未遭遇过困难而对困难估计不足,在一定的经济发展周期和市场整体表现的刺激下,容易头脑发热,做出带有过度风险的决策。

2. 名为品牌规划,实为表面宣传

品牌规划早已成为品牌服装企业常态化工作之一。有些企业明知规划的目标脱离实际,却依然热衷于此,并不在意目标是否能够达成,仅专注于华而不实的表面文章,其根本目的是为了宣传惑众,与竞争品牌打口水仗。

3. 目标好高骛远,设定过于主观

没有正确评价品牌的真实处境,不了解自己的确切位置,比如市场地位、消费者口碑、企业综合实力等,或被虚假信息、无效信息围绕,盲目放大品牌的某个长项,以偏概全,过度地全面拔高品牌,出现认知不全的弊端。

(三) 应对办法

1. 提高专业能力,进阶认知水平

在相对短暂的时间段内,决策者应潜心研究行业内品牌的发展规律和规划要求,迅速提高自己的专业认知能力,客观理性地评估市场整体表现和投资营商环境,努力掌握品牌规划的技术要点,尽快地由外行转变为内行。

2. 认同规划作用,目标分段规划

从主观上重视品牌规划在品牌发展过程中的地位和作用,去除哗众取宠的目标、口号、蓝图等内容,补全地点、日程、人员、责任、预算等现实内容,分阶段、重实际、有理性、有论证地提出品牌的可实现规划目标。

3. 认清品牌现状,脚踏实地发展

全面考核企业综合实力,掌握竞争品牌、目标品牌的真正实力和具体做法,避免在品牌规划上与其他品牌的浅表化、攀比化、虚无化对比,杜绝不切实际地唱高调,制定适合自己的现实目标,努力细化品牌发展的具体量化指标。

三、 具体任务不明确

(一) 表现

企业虽然制定了品牌发展规划,一方面可能会因为过于"战略性"而没有明确显示具体的工作任务,即没有把规划中的目标分解为具体的可操作内容和考核指标,以至于在规划的执行期,整个设计团队没有细致而清晰的可操作任务,导致团队成员在已经获悉了品牌规划的情况下,依旧采用老办法,粗略地、自发地推进工作,各行其是。另一方面,由于缺少业务操作经验,设计团队无法精准地解读品牌发展规划,造成其在认知上的将信将疑或一知半解,影响了具体工作任务的正确安排,将出现经常性临时调配人员、遇到问题后职责边界不清、团队成员非主观怠工等情况。

(二) 原因

1. 总结不够深入,难以对应任务

设计团队未能针对上一流行季的工作教训进行深入及时的总结,或不能准确理解企业高层的想法,以至于下一流行季究竟要做什么、该怎么做、做成啥样等情况都不甚明了,难以将具体任务和日常工作做到一一对应。

2. 企业监管松散,管理要求不高

企业往往不了解设计团队的真实能力和工作特点,也缺少分类管理经验,在某个流行季制定出一个销售目标后,未能专门组织有效力量,对具体工作提供切实指导和实时监管,使得设计团队对销售目标也难以做到理性认知。

3. 策划过于粗略,任务难以展开

策划方案过于简化粗略,或存在明显的逻辑错误,难以达到可操作程度。工作计划缺少抓手,没有比较明确的工作方法和目标,设计团队难以据此分解具体的工作任务,只能按照自己的理解和以往的方法,解读该策划方案。

(三) 应对办法

1. 总结以往表现,制定具体任务

针对有些战略性品牌规划,应该要求制定部门以附件形式或详细版本,对此类规划在操作阶段的具体任务做好配套的专业性解释、制定实施细则等补充工作。通过量化表达的形式,迫使工作任务变得定量化、具体化。

2. 任务责任到人,规定执行时效

企业应当强化"科学管理出效益"意识,主动消除专业畏惧,积极打破知识壁垒,加强专门化分类管理,对设计工作的管理做到"敢于、勤于、善于",把工作任务细化到点、分配到人、限定到时、考核到项、挂钩到岗。

3. 建立沟通制度,加强团队沟通

在不影响工作节奏流畅性的前提下,通过建立卓有成效的月会、周会、日会等沟通制度,企业、设计团队及成员之间经常保持工作沟通,分解、检查和协调目标任务的顺利实施,发现、提醒和解决任务中可能存在的问题。

四、 风险考虑不周全

(一) 表现

因个性、经验、机制、环境等原因,一些人员往往缺少必要的危机意识,难以认识到风险的存在,以至于考虑问题不周全,在工作中盲目自信,设定的目标高于其实际能力。在执行策划方案的过程中,操作团队会突然遇到意料之外的棘手问题,在策划书中也丝毫没有提及相关假设,企业也没有相关的应急预案,比如设计团队被竞争品牌挖走、关键的内部数据或技术成果被泄漏、新产品存在始料未及的安全隐患等,因其突发性、连锁性、严重性而感到束手无策,难以在短时

间内弥补相关损失。

(二) 原因

1. 企业求胜心切,困难估计不足

相对汽车、互联网等行业,服装行业具有投资小、见效快等特点,在市场形势向好、成功品牌增多、行业热点不多等因素的刺激下,企业容易产生急于求成的心态,事无巨细仓促上马,造成对品牌的潜在风险估计不足。

2. 易被表象蒙蔽,难察真实风险

有些风险往往以不该有的其他方式出现,在经验不足的情况下,人们容易被事物表象所迷惑,未能认清事实真相,难以察觉其中暗藏的真实风险。比如,某个看似光鲜的策划方案可能因忽略了论证环节而存在一定的操作风险。

3. 论证环节虚设,未作逆向推演

在对品牌规划进行集体论证时,有人总是习惯于从正面的、成功的、利好的方向考虑,不从反面的、失败的、亏损的方向推演,"巧妙地"躲过了论证环节本该有的质疑,其结果自然是发现不了现实中可能存在的风险。

(三) 应对办法

1. 树立风险意识,建立预警机制

从上而下地开展全员风险教育,树立防范风险意识,植入"风险无处不在"的观念,建立以维护品牌形象为中心的以防为主的风险预警机制。对设计团队来说,还要注意来自产品设计文件管理不善等商业机密泄露的风险。

2. 深入问题实质,评估风险量值

透过现象看本质,避免被事物表象迷惑,尽可能全面考虑问题的本质,发现其中可能存在的风险苗子。比如临时更换给予产品技术支持的供应商,就有可能存在一定的风险。如有必要,可评估风险量值,以便提前出台应对措施。

3. 严格方案论证,假设风险可能

严谨、专业、务实地对待论证工作,对策划方案、工作计划、设计结果等任何需要论证的内容,务必做到"及时化、制度化、监管化",坦陈可以公开的细节内容,鼓励下属发表反面意见,帮助团队发现隐藏的风险。

第二节　工作方式方面

一、工作条线无逻辑

(一) 表现

尽管团队或个人都因为要完成繁重的工作任务而整日处于紧张的工作状态中,但在遇到新型突发问题或需要寻求技术支持时,却不知道该听谁的指示、找哪个部门解决、能得到什么类型或什么程度的帮助;或者是整个工作流程别扭、无序、断档,大家处于或忙乱或怠工的不正常工作氛围内,对于需要解决的问题,上传无门,下达无日。一条相同的工作指令被多人下达,一项工作内容遭遇多个部门问责,一个设计结果出现不同的验收标准……诸如此类情况,也是工作线条紊乱的表现。

(二) 原因

1. 缺少系统管理,部门各自为政

企业内部的工作职责孤立甚至相互矛盾,全局意识不强,部门各自为政,工作缺少系统性,对设计部门较少提供必要的支持。设计团队内部工作制度逻辑关系不清,内容条款粗放,工作节点模糊,无法找到对应措施。

2. 物理空间受限,妨碍沟通交接

过于狭小的工作场地或过于遥远的空间距离,会让人们产生额外的心理压力,易在工作上出现无序感、冲撞感和低效率,严重时,这类现象将妨碍工作的流畅性和高效性,尤其会降低物品交接、现场沟通等工作的效率。

3. 规章制度僵化,有悖普适逻辑

以前制定的规章制度可能已经变得僵化过时,不再普遍适应当前社会形态、行业特点和企业实情。技术落后、设备老化、信息缺失、经营不善等原因,制约了工作的流畅性和工作效率的提高,甚至导致恶性循环现象。

(三) 应对办法

1. 增强系统意识,获得相关支持

通过传授现代企业制度专门知识等业务培训方法,加强参与品牌建设相关人员的系统意识。通过对口部门联谊活动等团队建设方式,增进部门及成员之间的相互理解,赢得相互尊重和相互支持,发挥协同作用,实现预期目标。

2. 合理调整空间,科学分布地域

以"科学、高效、方便"为原则,在工作空间、沟通条件等方面的配置上进行合理分布和适当增减,有利于改善工作心情,提高工作效率,降低沟通成本。

3. 修订规章制度,健全工作规范

主动及时地修订不再适应当前品牌运作情况的各种规章制度或部分条款,新增符合新时代行业特征的工作规范,形成有利于服装品牌建设的体系性制度保障。

二、 操作模块现短板

(一) 表现

由于实施环境中存在各种不可预计的变量因素,在服装品牌设计方案的实际操作中,可能会出现整体运作情况看似正常,个别模块表现出执行力度疲软、工作效果不佳的现象,比如原先称职的设计师突然离职、产品创意能力不足、材料采购始终慢一拍、生产技术落后于同行等,这些都有可能成为操作模块中的"短板"。只要操作模块的其中之一出现了疲软现象,就可能成为拖累整个工作计划无法如期优质地实现的原因。久而久之,品牌的整体运营业绩将被耽误,企业就会处于非常不利的竞争劣势。

(二) 原因

1. 模块配置尚好,实际功效欠佳

尽管设计方案中的每个功能模块看上去都配置整齐,但往往没有经过严格论证,难以知晓其是否与现实情况完全匹配,在实际操作中,有些理论上无懈可击的模块发挥的实际功效可能不如预期。

2. 操作能力低下，操作结果走样

面对同样的一个设计方案或是一条工作指令，不同的操作人员会用不同的操作方法，从而得到不同的操作结果。操作人员在某些方面的能力不足，可能因此而出现影响全局的"短板"，使整个操作结果出现不同程度的走样。

3. 模块本身缺项，难以健全执行

设计方案本身因过于粗疏而缺项少目，会导致本应该有的工作内容出现缺失，成为操作模块中的硬伤。在方案实施的准备阶段和信息阶段，这种硬伤会影响对该方案的正确解读和对其资源的合理配置，形成操作中的"短板"。

(三) 应对办法

1. 严格模块论证，重在实际功效

对尚未实施的设计方案进行严格的论证和推演，主动发现存在于这些方案中的内在逻辑等方面的问题，特别是对货品数量与销售预期的对应关系等一些数据的可行性和真实性进行论证，发现问题及时予以修正，消除对后续工作考核的隐患。

2. 提高操作能力，设置中期检查

加强设计团队的业务水平，提高团队整体的操作能力，根据个人业务专长安排合适的工作，做到"人尽其才、物尽其用"。根据实际情况和工作计划，设置一次或多次阶段性检查工作，协调操作进度，统一操作要求。

3. 健全模块本身，确保平衡执行

通过对设计方案的论证以及对执行过程的阶段性检查，发现操作模块中存在哪些不健全之处，并及时予以调整和补充，补齐"短板"，消除隐患，保证整个设计方案的各个模块得以按照预期速度，平稳均衡地向前推进。

三、 相邻环节少沟通

(一) 表现

与产品设计团队紧密相关的是商品企划团队和生产技术团队，三者形成上下游关系。在实践中，如果三方缺少必要的信息交流和技术沟通，就会出现相互之间不清楚对方正在干什么、干得怎么样了、有什么新的要求等问题。即便三者之间设有常态化沟通制度，也可能会草草了事地流于形式，沟通的深度不足。严重时，会产生服装产品设计开发链的信息断裂现象，导致本应贯穿其中的物品流、信息流和价值流的分离，也会影响产品设计工作自身的正常进度。有时，设计团队内部也会由于种种原因而缺少必要的技术沟通。

(二) 原因

1. 无视制度规定，擅自省略环节

个别设计人员无视现行规章制度中与技术沟通相关的某些规定，自恃工作经验丰富，图省事怕麻烦，往往会擅自省略掉某些必不可少的技术沟通环节或例行会议环节，尤其是一些需要经常性开展的沟通工作更是被"优先"省略。

2. 贪图方便快捷，流于形式主义

为了能轻松地应付例行的沟通工作，出于追赶被延误的进度等原因，相关人员会忽略对各操作模块的基础数据采集、事前的非正式信息交换等准备工作，使得本该十分重要的沟通工作变成无关痛痒的形式主义。

3. 时间掌控失当,随意挪作他用

由于未能掌控好时间,原本用于设计环节的工作时间被挤占,挪作追回已被拖延的时间之用,因此,正常的沟通环节往往被减少或跳过,直接用于接济其他工作环节,导致环节之间的沟通延迟回复或缺失反馈。

(三) 应对办法

1. 严格沟通制度,确保畅通执行

严格执行沟通制度,要求团队成员定期报告工作进展,确保技术沟通渠道畅通,将遇到的问题解决于发生初期。建立与效益挂钩的监督机制,将监督结果列入工作考核内容,激励团队成员重视沟通和合作。

2. 杜绝偷懒推脱,强调工作实质

强化团队成员责任意识,杜绝将技术沟通流于表面形式。对新加盟成员,可发放标准沟通模板或相关工作条例。必要时,可在比较重要的正式沟通前,做好事先基本信息交换、制作表决票等基础工作,提高沟通工作的实效。

3. 打通环节壁垒,减少低效环节

以提高沟通工作质量为中心,打通不同部门之间的相关工作壁垒,为专业化、高效率的技术沟通创造条件。尽力提高每次沟通工作实效,增强做好常规沟通工作的信心。定期回顾和改进技术沟通工作,提高团队的环节管理效率。

四、制度设计成摆设

(一) 表现

成熟的品牌服装企业一般都会建立一整套包括设计部门在内的各种部门工作管理制度,甚至将这些管理制度张贴于墙上,挂横幅于楼前,希望时刻提醒企业员工们遵照执行。但是,出于各种各样的原因,有些企业管理制度的设计本身不够科学,占道堵车、扯皮推诿等现象时有发生,尤其是针对设计工作的"软管理"难以制定有效的量化指标,有些制度因不适用于实际情况而迫使设计人员绕过这些制度,各自采取不规范的方式完成工作任务。因此,那些设计得不合理的管理制度变成了用来应付上级部门检查的规定文件,甚至被套上镜框,用于装饰工作场地脸面的摆设。

(二) 原因

1. 虚设企业管理,应付上级部门

企业对某些工作的管理意识尚未达到自觉高度,设计部门也较少存在"硬管理"环节,设置管理制度的目的往往是为了体现企业引入了现代企业制度,在申报地方政府项目、应付上级部门检查等方面获得一定的便利。

2. 担心成为约束,滋长抵触情绪

设计人员通常喜欢自由的工作环境、自主的表达权力和灵活的工作方式,制度的实施可能会一定程度上约束其创新思维的发生效率、个性特征的自由表现、工作风格的灵活随意,进而导致其滋生一定的抵触情绪。

3. 时尚变化快速,制度应变不力

设计人员通常在被快速变化的时尚流行趋势裹挟的不确定环境下工作,还有多种互联网工具的实时介入,如果制度设计缺少有效的应变机制及相应条款,将无法解决当下复杂的变化与挑战,反而降低工作效率。

(三) 应对办法

1. 以实效为准则，兼顾规范灵活

在制度设计之前，要首先明确制度的目标和对应的问题，预置解决问题的渠道、范围和方法，充分了解设计部门的工作特点，确保制度的设计符合实际情况，在时间、任务、人员和步骤等方面兼顾规范化和灵活性。

2. 全面完善细节，适用实际工作

在制度设计结束前，对制度进行全面审查，确保其条文清晰明确，没有歧义，并将其置于实际工作场景进行小范围内部测试，征求相关部门意见，发现潜在问题及时修正，调整或增补条款，完善人性化操作细节。

3. 培养制度意识，建立奖惩措施

在制度执行之前，应对制度覆盖的相关部门进行制度的宣传与培训，增强其认同感。监督和检查制度的执行过程，保证始终如一的执行力度，做到平稳、持久、坚定地执行。建立相应的奖惩措施，激励员工主动遵守。

第三节　执行力度方面

一、张弛无道缺弹性

(一) 表现

在按照工作计划执行时，由于执行力度掌握不当，常会使工作过程出现非理性、不均衡、硬着陆等情况，表现为在处理工作事项时，有时过于简单、粗暴，忽略细节和流程，导致处理问题缺乏灵活性和耐心，比如硬性规定设计师的快速出款指标等；有时过于放松、随意，导致执行结果的完成度不足，比如对关键工作进度不过问等，会使得整个团队出现分工不均、忙闲不等、快慢不一，或疲于应付、或悠闲过度的局面。即便出了此类问题，也因缺乏执行策略的弹性而不能根据实际情况进行及时调整，难以将设计工作纳入有条不紊的正常轨道。

(二) 原因

1. 领导风格随性，管理过程强硬

一些管理层人员的领导风格比较随性，在工作中对团队成员忽冷忽热，要求或过于严苛或过于宽松，缺少控制工作强度及工作质量必要的张弛之道，执行过程中缺乏灵活应对能力，不懂得如何适度调整，缺乏应有的操作弹性。

2. 过度专注眼前，缺乏全局视野

有时团队成员只专注于自己眼前的工作任务，不懂得如何将每个任务有效地融入整体计划中，忽视了个人工作和整体规划之间的关系，在工作的进度、质量、形式等方面达不到团队要求，导致另一层意义上的张弛失当。

3. 追求完成速度，工作节奏失控

在紧迫的时间压力下，一些管理层人员追求快速完成产品设计任务，忽略团队成员步调一致的工作流程和执行细节，失控的工作速度无法有效地掌握团队工作节奏，导致团队成员茫然跟从,不知如何调节自己的工作节奏。

(三) 应对办法

1. 明确执行策略,灵活执行机制

管理层人员应该明确执行策略,知道如何根据情况调整工作方式。在任务的执行过程中,树立"棋局意识",在认定目标的同时,适当让渡局部,灵活执行手段。

2. 任务有效对接,适度执行弹性

确保当前任务能够与整体规划有效对接,区别对待各阶段工作的完美度,增加执行的可操作性和可实现性,给予团队成员适度的执行弹性和期望方向,提高其工作动力和投入度。

3. 合理规划时间,流程清晰有序

管理层根据项目复杂程度和实际情况提供合理的时间规划,鼓励团队成员在执行工作时注重细节;设立清晰的流程,严格按照流程进行,确保任务的全面完成。

二、 工作进度不及时

(一) 表现

在任务执行中,拖延任务的开始和完成时间,拖慢设计项目的整体进程,无法按照预定计划完成任务;后续任务的进行受阻,形成任务之间的交叉冲突,需要在紧迫的时间内处理多个任务,影响工作质量和效率;在这样的背景下,频繁的修改和返工也成为工作进度不及时的明显体现,设计团队也会因为初步成果不符合要求,被迫多次调整设计方案,浪费大量时间和资源(人力、材料)。此外,因任务执行效率降低而影响到整体工作进度的紧凑性,整个设计项目的进程被推迟,最终体现为产品上市时间或品牌活动计划的滞后。

(二) 原因

1. 时间规划不当,缺乏进度管理

在项目启动阶段,没有进行充分预估时间,安排过于紧凑,难以在实际操作中加以执行,或团队成员个人时间规划管理不善;在实施过程中缺乏对工作进展的有效监督和管理,缺乏约束和动力,导致任务进度难以掌控。

2. 计划考虑不周,协同合作受阻

制定的工作计划未充分考虑实际情况,忽略可能出现的风险和意外情况,团队成员难以有效应对在计划实施过程中出现的问题和挑战;缺乏有效的沟通机制,团队内外间的整体协同合作受阻,无法及早发现和解决问题,影响任务执行的效率。

3. 任务分解不清,主次排序不定

设计任务未被具体量化和充分分解,缺少具体实施步骤,实际工作安排难以被理解,影响任务的合理分配,部分成员工作负担过重,无法按时完成任务;未明确任务的优先级排序,团队成员可随意选择任务处理顺序,导致部分关键任务被拖延,影响整体进度。

(三) 应对办法

1. 合理规划时间,加强进度管理

对每个任务进行合理的时间规划,留出一定的时间以便缓冲和调整;为团队成员提供时间管理培训和工具,帮助他们提升时间管理能力。给每个任务设定明确的截止日期,建立有效的进度管理系统,定期跟踪实际工作进展,进行任务执行情况的检查、评估和反馈。

2. 制定详细计划,清楚任务关系

考虑可能出现的问题和挑战,做好风险评估和应对策略,制定详细的工作计划,细化任务和子任务,减少意外延误。建立高效的沟通渠道,确保团队每位成员清楚任务的交叉依赖关系,对任务进度负责,强调团队合作和共同责任,鼓励共同解决问题。

3. 量化工作内容,明确任务等级

在任务开始前明确详细要求,将每个任务分解为具体步骤,明确量化每个步骤的工作内容,帮助团队成员理解任务的实际工作和步骤。根据任务紧迫性和重要性确定优先级,据此安排工作,避免关键任务延迟,确保重要任务得到及时执行。

三、 工作要求不精准

(一) 表现

任务的实际目标和预期结果容易产生混淆或误解,设计方向模糊不清,缺乏明确风格、主题或情感指引,偏离实际工作内容,影响工作质量;在元素选择和应用时感到困惑,难以准确把握关键要点,设计的服装无法符合预期版型和廓形,影响着装效果;难以将设计与实际需求相匹配,影响实用性;设计的风格和品牌定位不一致,产品难以传达品牌特点,影响整体品牌形象。在任务执行过程中可能会遇到不必要的困难、障碍和问题,影响设计任务的推进和完成;团队成员可能误解工作要求,无法确定工作是否达到预期要求,工作的效果和完成度评估变得模糊不清、难以衡量。

(二) 原因

1. 缺乏明确指引,任务认知不全

工作要求未能提供明确详细的指引,成员只能根据个人理解执行任务,容易偏离实际要求;团队内外之间在任务交接或指导过程中信息传递不清晰,不能全面了解任务的背景、目标和关联性,甚至只了解任务的一部分,造成对工作要求理解不一致。

2. 指令频繁变动,内部培训不足

设计过程中频繁变更工作指令,造成工作方向的不确定性和困惑,团队成员难以跟随不断变化的要求,不知道应该遵循哪个版本;没有足够的培训机会或培训内容不足以应对工作要求,无法准确地执行任务。

3. 评估标准不一,缺乏反馈机制

缺乏完善统一的绩效评估标准,工作质量未得到有效评估,拖累了工作要求的精准性。任务执行过程中缺乏反馈机制或信息丢失,团队成员无从核实他们对要求的理解是否正确,导致工作要求在团队成员之间产生不一致,偏差不能得到及时纠正。

(三) 应对办法

1. 详细任务说明,细节全面传达

制定详细的任务说明书,全面描述设计的细节、重点和要求,避免设计过程中的猜测和误解。建立实时的沟通渠道,提供明确的工作指引。以定期会议、进度报告等方式,确保团队成员及时了解任务的关键要点和进度,理解工作要求与任务结果的一致性,避免个人主观理解偏差。

2. 稳定工作指令,加强业务培训

尽量避免工作指令的朝令夕改,一旦需要变更,应充分沟通变更原因,以减少对工作的影响。设立任务责任人,负责跟踪和协调任务,保证团队成员始终有一个可以咨询的指导者。提供充分及时的业务培训,鼓励主动学习和知识分享,使团队成员能够随时查看和跟进工作要求的变更。

3. 明确评估标准，实行反馈机制

  设计科学合理的绩效评估体系，以客观的数据和事实对工作质量和完成度进行定期评估，减少因主观判断而产生的偏差，确保标准的公正性。建立反馈机制，加强开放型智能问答服务，团队成员可以实时提问并获得解答，清晰对设计任务的认知，确保工作要求被准确理解。

四、团队成员缺斗志

(一) 表现

  对品牌缺乏认同感、使命感和归属感，对任务漠不关心或消极应对；在设计过程中缺乏热情、灵感和创意，难以将设计创意有机地融入品牌的核心价值和定位，对解决问题或提出改进意见不感兴趣，只是机械地按照既定流程完成任务，影响设计质量；工作态度摆烂，对结果持怀疑态度，经常抱怨工作不公平或意义不大，影响团队氛围和合作；不愿与他人协作，沟通和协调能力较差，缺乏分享和支持他人的态度；经常拖延工作进度，找借口推卸责任，不愿承担工作的挑战和压力；在工作质量方面表现平庸，缺乏追求卓越和出色表现的动力，缺乏对自身职业发展的追求。

(二) 原因

1. 缺乏激励机制，工作动力不足

  团队成员难有获得激励和认可的机会，没有适时的奖励和肯定，缺乏成就感和动力。团队领导未给予团队成员赞赏、鼓励和建设性意见，成员个人无法了解自己的进步并有效改进自己的工作，容易失去斗志，觉得付出没有意义。

2. 目标角色不明，任务缺少挑战

  团队成员对团队的目标和自己所处的角色缺乏清晰的理解，时常感到迷失和无所适从，可能会感到工作失去了吸引力和动力。缺乏具有挑战性和刺激性的任务，没有足够的机会参与创新项目或工作任务过于单调、重复，导致团队成员的兴趣和斗志下降。

3. 工作环境不佳，进步空间不大

  工作环境缺乏创意空间，团队合作缺乏情感氛围，设计人员独立思考和创新能力不易发挥，容易失去团队精神、合作动力和斗志。缺乏了解和学习行业动态的机会，成员难以更新知识和技能，感到困于当前工作状态并丧失前进的动力。

(三) 应对办法

1. 设立激励措施，提供认可反馈

  设立与任务总量、工作质量、创意贡献、市场业绩等指标挂钩的激励措施，包括奖励等级、晋升机会、福利待遇等，让成员感受到付出与回报的关联。团队定期向每位成员提供积极的建设性反馈，了解他们的工作感受和生活追求，增强其价值自信和工作动力。

2. 明确角色目标，赋予更多责任

  帮助设定个人和团队的短期目标和长期目标，同时制定实现这些目标的详细计划。根据成员的兴趣、专业领域，安排涵盖不同难度的有挑战性的工作，帮助他们感受到自己的重要性和价值，鼓励他们追求新的设计理念、设计构想和工作方式。

3. 积极拥抱合作，提供发展平台

  创造积极的团队氛围，鼓励开放心态，拥抱团队合作。利用危机意识刺激斗志，让团队成员不断挑战自己的知识和技能，学习新领域知识，拓展视野，增强对工作的热情；提供学习行业动态的机会，例如参加业内的培训、观摩和交流活动，提高他们的自信心和自我驱动力。

第四节　资源配置方面

一、资金预算缺根据

(一) 表现

策划方案中的资金预算缺少应有的根据,主要表现为临时性、滞后性、断裂性。临时性表现为用于某个板块的资金被任意地设定为一个未经考证的数字,对方案的实际操作没有意义;滞后性表现为资金的实际到位时间及数量滞后于实际发生的时间与数量,往往会拖延方案实现的进度;断裂性表现为预想中的资金不到位,极有可能导致方案半途而废。这里,资金问题还有另一层含义,即针对策划活动本身的资金问题,主要表现为品牌服装设计各环节分配资金的不科学、不及时、不足额,预算的频繁变更,资金的混乱使用,将影响设计工作的正常开展。

(二) 原因

1. 财务计划不全,设计方向模糊

品牌没有建立健全的财务规划体系,难以有效规划资金的使用,而是随决策者的倾向进行分配,如决策者更倾向投资于外部宣传和市场营销;设计项目缺乏明确的定位和目标或者启动阶段前的决策过程缺乏透明度,资金分配将受到不当影响。

2. 预算数据不足,环节认知不清

缺乏充分的市场数据和内部业务数据支持,无法准确了解各个环节的资金需求,某些环节的资金设置过低。难以编制准确的预算,更多时候只根据成本考虑,而不是根据设计需求和质量高要求来落实各个环节的资金配比。

3. 企业经营危机,资金调动困难

企业经营业绩长时间下滑,出现账面资产负债异常、可支配现金流不足、资金周转调动困难等情况,导致企业不得不减少或中止对方案的策划或无法实现所需资金的投入。这种情况对于新建品牌是灭顶之灾,将迫使原来的策划方案严重缩水。

(三) 应对办法

1. 明确预算流程,透明决策过程

建立明确的预算编制和审批流程,确保资金预算的制定和使用有章可循。建立透明的决策流程,确保决策过程公开、公平,各环节成员都能够参与其中,排除影响资金分配的偏见因素。

2. 设立预算管理,明确环节资金

加强市场调研和数据收集分析,设立专门的预算管理团队,负责统一预算的编制、管理和监督。根据设计项目的各环节所需的合理起始资金量进行预算的制定和分配,确保各项环节能够有足够的资金支持设计的各个方面。

3. 宏观评估未来,精细成本管理

从企业发展战略的宏观角度,权衡企业经营与产品研发的利弊关系,做出最有利于企业长期发展的决策。消除经营危机因素,强化财务管理水平,启动企业保全策略,主动评估及时止损,把有限的资金用于最需要的地方。

二、 人才结构不合理

(一) 表现

品牌服装设计团队由成员专业水平不一的多个技术团队构成,仅就设计团队而言,其成员在时尚领悟力、设计表达力、团队协同力等多种能力上表现出很大差异。人才结构的不合理主要表现在人才的学历结构、年龄结构、技能结构等方面不能达到最佳配比,出现了与品牌工作任务不相称的情况。团队成员的学历、年龄、技能过于集中在某个方面,将不利于工作的正常开展,会造成人才不足或人才浪费的现象。另一层含义是团队总人数不足,大家都长期处于严重的加班加点状态,客观上造成只求数量不求质量,因过于劳累而怨声载道,难以提升设计工作品质。

(二) 原因

1. 忽视专业认证,结构配置不当

对设计师的要求和选拔标准不够明确,或是在招聘中没有足够重视设计师专业认证和级别,设计团队的专业水平参差不齐。团队内部职位配置不当,没有充分了解不同职能之间的协同关系,或者是在人员配置时偏重某种职能而忽略其他职能。

2. 需求认知不足,人才过度专业

对人才的学历结构、年龄结构、技能结构的合理配比关系认识不足,或者在招聘时没有重视跨领域合作的重要性,缺乏对人才的多样性认知,难以认同多学科交叉复合型人才的作用,因人才专业范围过度狭窄而导致整体战斗力不强。

3. 为求控制成本,过度使用人才

为了提高经营效益,控制用人成本,一些企业尽量减少员工招聘人数,通过实行多种名义的加班加点,刻意营造企业内卷氛围,有意延长无薪工作时间,达到降低用人成本的目的,被过度使用的人才将难有专业上的最佳表现。

(三) 应对办法

1. 要求专业认证,合理配置人员

明确招聘标准,要求设计师具备相关专业认证,确保其具备相当的专业素质。鼓励现有设计师参加专业认证考试,提升团队整体的专业水平。进行团队内部职能分析,明确不同职能之间的配比关系,合理配置人员比例,确保团队结构呈现最佳组合。

2. 清晰人才需求,专业平衡配比

加强对市场趋势和前沿技术的洞察,明确需要与哪些领域进行跨界合作。招聘时注重候选人的跨领域合作经验和能力,鼓励团队内部的多学科交流和协作。进行团队的专业背景分析,确保在每个专业领域都有足够的人才支持,考虑不同专业背景的平衡,全面覆盖设计的各个方面。

3. 合理使用人才,善待专业人才

尊重品牌服装设计工作的一般规律,根据总工作量和时间单位,测算团队应该拥有的人才数量。尊重人才的公民权力,注意人才的劳逸结合,发扬企业的社会责任,给予人才看得见的未来和摸得着的希望,合理使用和善待专业人才。

三、 市场信息不精准

(一) 表现

设计团队难以准确把握目标消费者偏好、需求和购买习惯,产品设计与市场期望不符,无法有针对性地满足消费者需求。产品的定价策略失误,价格过高无法吸引消费者,损害销售;价格过低影响品牌形象,降低利润。难以捕捉市场机会,无法快速调整设计策略以适应竞争和市场变化,不能及时发现市场趋势或者新兴需求,抓住有利时机进行产品创新,设计的灵活性和竞争力受限。产品设计错失了与消费者建立紧密联系的机会,低估或高估销售量,影响生产计划、库存管理和资源分配。缺乏对竞争对手的准确了解,影响产品差异化创新。推出不合适的产品和服务,无法有效传达品牌的核心价值和风格,影响消费者体验,损害品牌声誉和形象。

(二) 原因

1. 市场调研不足,市场数据不实

没有投入足够的资源和时间进行市场调研,对目标市场、竞争品牌和目标品牌的了解不深入;对市场信息的收集和分析不够全面和系统,缺乏有效的数据收集渠道和分析手段,难以判断市场当前痛点和未来热点,最终导致决策错误。

2. 未能洞察消费,反馈渠道不畅

被轻便型调研工作或无良自媒体带偏节奏,没能及时展开针对消费者的专项调研,无法准确感知消费者的真实体验和切实需求。缺少与消费者之间的联系,未及对消费者行为和心理深入洞察,消费信息反馈渠道受阻。

3. 信息来源割裂,过于自我中心

信息来源不够全面,或偏重于搜索专业媒体,或偏重于一手市场调研,未能很好地整合信息,影响设计团队对目标市场的全面了解。设计团队过于自信,将产品设计和市场预期建立在内部的经验和想法上,忽略了市场即将转换的流行走向。

(三) 应对办法

1. 加强市场调研,分析专业数据

投入足够的资源和时间进行定期全面的市场调研,深入了解目标市场的特点、趋势和竞争情况。了解消费者需求、竞争对手动态和市场趋势,确保获取准确的市场信息。可以与专业的市场调研机构合作,获取更准确的市场数据和分析报告,指导设计决策。

2. 建消费者画像,强化互动反馈

开展定期的消费者调研,保持与消费者的密切互动,创建详细的消费者画像,包括年龄、性别、兴趣爱好、购习习惯等信息。建立多渠道的消费者反馈机制,及时了解消费者的反馈意见,适度调整产品设计策略,提高产品销售预测的准确率。

3. 内外信息共享,灵活调整策略

加强不同部门之间的沟通,确保市场信息能够全面流通,减少信息孤立现象,持续监测竞争对手的行为,熟悉市场竞争格局。建立敏捷的市场反应机制,及时捕捉市场机会和变化,灵活调整适应市场变化的产品设计和定价策略。

四、 材料供应不及时

(一) 表现

在品牌服装产品开发过程中,如果服装材料不能按时供应,可能会有以下十种表现:一是设计方案无法提供准确的材料信息;二是延误样衣制作的按时完成;三是被迫选择其他替代材料;四是影响对材料可能进行的再加工;五是临时调整设计方案;六是打乱工厂生产计划;七是拖延产品上市时间;八是影响其他产品上市时间;九是因延误上市而失去最佳销售机会;十是被迫更换供应商。

(二) 原因

1. 需方要求变更,供方难以满足

由于设计方案的临时改变,一部分原先入选的材料被淘汰,需要补充新的材料样品,但材料供应商备货需要一定时间,一下子难以及时满足要求。用来制作样衣的材料小样预备不足,在样品试制失败后,没有了再次制作样品的材料。

2. 供应管理不当,订单临时变动

缺乏有效的供应链管理和跟踪机制,材料供应链上的信息不畅通,与供应商之间协作不够紧密,影响材料的正常供应;材料生产商因订单不能凑满其最小生产基数而停止生产,要求需方放弃该订单,或更换其他材料,重新下单。

3. 遇不可测因素,缺乏紧急应对

供需双方均有可能受到地理、气候、政局、交通等不可预计因素的影响,导致材料交付时间延误,比如船期延误、货物丢失等,影响材料及时送达;另外品牌在材料供应延误后,如遇到供应商突然倒闭等情况时,缺乏紧急应对计划。

(三) 应对办法

1. 提前预测情况,做好用料规划

在设计方案阶段,充分考虑材料的采购时间,提前预订足够多的材料小样,保证样衣制作需要;在生产计划阶段,建立历史数据和市场趋势的精准预测模型,根据市场需求和产品生产计划,提前预测所需材料的品种、颜色和数量。

2. 多元供应网络,优化工作流程

与供应商保持良好的沟通与协调,及时了解材料供应情况,共同解决潜在问题,确保供应商具备稳定的生产能力;建立多元化供应商网络,以便在一个供应商出现问题时,可以快速切换到其他供应商,确保计划进程不受影响。

3. 优化库存管理,制定应急预案

定期检查材料库存情况和市场需求,及时调整材料订购计划,优先消化库存材料;建立合理的备货计划,优化物流方案和供应链地域布局,降低供货地域集中的风险;提前制定供应备案,建立备用供应渠道,及时应对突发情况。

第五节　结果呈现方面

一、 方案表达不理想

(一) 表现

方案的逻辑不清晰,层次感和可行性模糊,信息组织混乱,对设计思路、目标市场和品牌定位缺乏清晰说明,使人无法准确理解策划意图,难以解读其核心主旨和实施步骤。方案的格式、排版、字体和图表等设计不规范,影响方案的整体美观和可读性。方案中的相关数据存在漏洞、错误或不准确信息,图文不协调等问题,降低了方案的可信度和说服力。方案中的设计元素过度使用或重复出现,形成视觉冗余、色彩搭配不当、缺乏创意和创新、与品牌的定位和风格不一致等问题。在展示方案时采用低质量的图像和图片、语言模糊、术语使用不准确,削弱了方案的表达力;方案讲解者的语言表达不清晰、语速过快或结构混乱等问题。

(二) 原因

1. 缺乏设计主旨,信息资料不足

在设计过程中,团队成员未能深刻理解品牌服装三大构成要素的关系,没有明确的核心诉求,对风格、系列和元素的理解不一致;缺乏系统的市场调研、充分的数据收集和案例分析,信息渠道不畅,难以获取关键信息,常识性小错误频繁。

2. 没有领军人物,合作关系松散

团队成员的专业水平比较平均,缺少在设计表达方面的领军人物,不能为策划内容找到最佳的表现形式,使得整个设计方案的表现平淡无奇;团队成员之间协作不够紧密,对设计方案的展示效果缺乏有效的技术手段,难以将设计诉求很好地表达出来。

3. 专业术语过度,出发角度局限

制定方案的人员未能准确判断受众的背景和专业水平,过度使用不够通俗的专业术语,影响跨团队沟通效果。各团队习惯于从自己熟悉的角度出发,依赖某种方法或思路去评价对象,对于方案的不熟悉部分不做评价甚至做出反面评价。

(三) 应对办法

1. 明确设计主旨,详细设计规划

在开始设计前,明确品牌的核心诉求、价值理念和目标受众,制定清晰的设计主旨;建立团队合作文化,鼓励成员间的沟通合作,在设计过程中及时分享构想和创意;制定详细的设计规划,确保每个品牌要素都有明确的定位和作用。

2. 学习同行经验,丰富专业培训

收集行业相关设计案例,虚心学习同行表达经验,开拓专业领域眼界,掌握专业表达技能;招聘、培训和团建并重,开展专业技能培训和提升计划,确保团队成员能够不断提高审美能力、时尚嗅觉和专业知识,尽力克服常规低级错误。

3. 语言表达平实,多角度宽视野

在使用专业术语时,提供相应的解释和说明,避免过多使用专业术语,用平实的语言、悦目的页面表达复杂的概念,方便非本专业人士也能理解方案内容,提高方案的可读性和透明度;鼓励团队成员引入跨界观点,激发更多创意,打破思维局限。

二、 行进方向出偏差

(一) 表现

品牌建设基本框架确定之后,在进一步制定策划方案的过程中,本该沿着原定方向行进的步伐,却不知不觉地走入歧途,出现各种形式的非指令性改变。尤其在设计风格方面,从原定风格偏向其相邻的风格,甚至越走越远,逐渐背离了原定方向;在策划方案的执行过程中,品牌的终端形象、产品的种类和质量、市场的渠道和布局等方面均有可能存在许多不可控因素,会因为不如人意而不得已求其次,使原定计划发生偏差;团队理解的市场与现实中的市场发生错位,产品与目标受众的需求脱节,设计团队走向错误的市场方向。

(二) 原因

1. 品牌定力不足,盲目跟风走偏

团队缺少舵手、年龄结构偏轻、经常自我怀疑、内在定力不足、理解水平不高、操作经验有

限,是行进方向逐步走偏的主要原因。设计团队盲目跟随竞争对手或市场热点,过度追求时尚趋势,忽视自身的独特性,将会失去品牌特色。

2. 上级引导失误,下级放弃诉求

管理层对市场和行业的认知不准确,误判市场流行走向,并将自己的错误言论影响设计团队,使得团队成员或迫于上级压力,采取息事宁人的态度,应付事不关己的工作,未经论证的改变使得方案偏离了原定方向,带来一定的风险。

3. 执行基础不足,方向无奈走偏

设计方案往往建立在比较高调而理想的基础上,执行基础却常常显得琐碎而现实,两者难以匹配。在执行效果不够理想的情况下,设计方案中的原定目标不得不做出相应的让步,调低预期,这是服装品牌运作中常见的无奈之举。

(三) 应对办法

1. 锻炼品牌定力,放眼长远发展

通过价值观重塑,专注品牌调性,培养品牌定力,放眼长远发展。克服只关注眼前短期利益的习惯思维,制定品牌长远愿景与当前生存目标一致的品牌发展计划。建立实现品牌价值观核心诉求的清晰框架,将其融入设计过程中,体现品牌的独特风格。

2. 尊重专业工作,明确设计指南

上级行政部门应该尊重和信任专业技术部门的工作流程及其工作成果,让专业的人办专业的事,不宜用个人喜好影响众人讨论的决策。制定明确的设计指南,方便团队成员对品牌的目标和方向有清晰的理解,及时消除误解和偏差。

3. 培养创新能力,坚持核心价值

积极创造品牌运作的主客观条件,以客观理性的现实主义态度,拉近设计方案与执行基础之间的距离,使执行者对执行结果的掌握变得不那么遥不可及。减少经常性无奈调低预期的举动,以免其成为一种致使策划工作变异走样的不良工作习惯。

三、 前后表述不统一

(一) 表现

在不同工作阶段的阶段性成果中,对同一事物的表述口径不尽一致,甚至在同一版本的策划报告之类的文件中,对同一事物的表述也出现前后不一的矛盾现象,这种表述包括文字、数据、色彩、图型、实物小样等,比如设计元素在前后设计方案中的使用不一致,或设计风格、系列主题等内容突然转变,前后不能相接,缺乏统一连贯,令人难以理解工作意图的背后逻辑。尤其到了执行阶段,随意性、双标性、粗放性工作充斥于整个执行过程中,前后方案中的产品定位或目标受众等内容发生错位,包括排版风格、字体选择等在内的视觉语言也不统一,使得他人不知哪种表述是正确的,将影响他人对该品牌的尊重,进而影响消费者忠诚度。

(二) 原因

1. 持续时间太长,未能一气呵成

品牌策划方案经历了一个比较长的工作阶段,可能迫于其他工作原因而中断。当继续这项工作时,行业氛围可能已经发生了一定的改变,或者留给后面用来完成策划工作及其后续工作的时间不多,使得这项工作难以进行细致深入的推敲。

2. 执行中途换帅,工作思路相异

品牌总监、设计总监等重要岗位在执行过程中换人,势必出现工作思路不一致的问题,引起对某些内容的表述前后不一的现象。因每个人的专业经历、时尚态度、工作风格、思维特点等方面的不同，即便能认同原有品牌文化，其个人特征也往往会在工作中表露出来。

3. 获取素材困难，临时更换替代

寻找用来表述设计方案初期确定的市场数据、设计元素等内容，比预想中困难得多，一时难以如期到位。时间截止后，不得不寻找可替代内容进行更换，客观上造成了前后内容在表述上的不一致。若无恰当理由说明，容易引起他人费解。

(三) 应对办法

1. 缩短所需时间，方便保持一致

做好前期准备，加快工作进度，一些基础性工作以模板化、格式化等方式推行下去，可较大幅度地缩短品牌策划方案所需要的绝对时间。比如，设计元素、配色方案等内容都能做到模板化，调研报告、数据整理等文档文件可以统一格式。

2. 引入协作工具，遵循设计准则

引入协作工具和平台，建立跨部门协作机制，共同讨论设计策略。确保设计团队充分理解品牌的定位和价值观，及时传达品牌定位的任何调整，即便遇到中途换帅，团队成员也能在不同时间和场合始终遵循一致的设计准则。

3. 扩充数据储备，减缓突发情况

将收集数据、分析数据、扩大设计元素素材库等基础工作作为日常工作的一部分，将其工作成果用于应对不时之需，减缓执行过程中可能遇到的各种突发情况。加强团队成员的技术沟通与业务培训，使他们的工作表述在表述形式和内在质量上如出一辙。

四、 构想与结果相左

(一) 表现

在产品方面，对设计风格、产品系列、设计元素等品牌服装设计构成要素的构想，与实际运作后的结果存在不小的差距。例如，构想为时尚、前卫的风格，实际产品却显得怪异、另类；构想为简约、经典的系列，实际产品却偏向乏味、保守；构想是潮流、时尚的元素，实际产品却是大众、过时。在材料、工艺等方面，构想与结果相背离的情况也时有发生，比如，构想要强调优质材料和精细工艺，实际产品却是材料品质平庸，工艺细节粗糙。更为宏观一点的方面，比如品牌的市场地位、销售规模、行业排名等方面，也会出现构想与结果相左的情况。品牌长此以往地"词不达意"的表现，可能会导致消费者转向其他符合他们喜好的竞争品牌。

(二) 原因

1. 实际资源限制，可行研究不足

人力、财力、物力、时间等条件限制了最初构想的完全实现。设计师对可行性评估不足，未考虑实际制作过程中的诸多问题，包括材料难以获取、生产技术问题、材料质量拉垮、生产环节缺乏品控、实际生产工艺限制了设计的自由度等因素。

2. 核心能力虚无，难以形成优势

团队总体实力不足，从技术到产品、从营销到渠道、从资金到资源，都缺少难能可贵的核心竞争力，不能形成服装品牌必须具有的明显竞争优势，对于目标的达成表现为"心有余而力不足"，时常出现"理想很美好，现实很骨感"的构想与结果分离的局面。

3. 市场监控不力，策略调整缓慢

缺乏有效的市场监控，当市场竞争、消费趋势和大环境变化等因素导致设计构想与实际不

符时，未能及时发现和纠正问题，导致问题逐渐积累；设计策略未能及时调整以适应市场变化，导致无法实现构想中的设计目标。

(三) 应对办法

1. 资源合理利用，夯实可行计划

充分考虑现实条件，提前做好合理规划，设计团队需与品牌管理团队、市场营销团队、生产制作团队等相关人员开展更紧密的合作，为完成工作任务预留足够的时间，提前考虑技术支持和制作要求，制定具有可实施意义的策划方案。

2. 凝练核心能力，培育竞争优势

由于品牌规模差距悬殊，竞争优势是相对而言的。通过多次参与品牌运作过程，即便是一个部门，也能积累一定的工作经验，在品牌建设计划的指引下，点滴凝聚，逐步壮大，将具有本品牌特色的竞争优势发展成为品牌的核心竞争力。

3. 持续市场研究，及时改进提升

持续关注市场动向和消费热点变化，了解目标受众的喜好和期望，根据市场反馈和数据指标，及时调整设计策略。确保品质和用户体验的一致性，持续改进产品设计、生产流程和售后服务，不断提升品质，满足受众需求。

附　录

附录一 东华大学服装与服饰设计专业"品牌服装设计"课程作业

导言

　　本课程作业分为全新品牌服装设计方案和提升品牌服装设计方案两个类型,每个类型均设置"必选"和"备选"两个模块。必选模块围绕本课程核心内容而设置,备选模块根据本课程全部内容而设置。学生可以从两个类型中二选一,完成这个类型及其模块的指定内容即可。

　　本课程以企业实战为背景,从主设计师的角度,以模拟完成一个流行季的一盘完整货品配置以及相关内容为作业任务,目的在于通过作业了解学生对本课程知识点的掌握情况,培养学生的品牌意识、市场眼光、专业表达、团队合作、灵活应用、专业沟通等综合能力。

作业名称:XXXXX 品牌服装设计方案

类型 1　全新品牌服装设计
　　必选模块
　　主要包括:企划背景、市场调研、品牌定位、工作计划、品牌命名、LOGO 设计、设计风格设定、设计元素整理、系列产品策划(不少于 4 个系列)、产品结构图表、一个完整的系列产品设计(含款式、色系、面料,不少于 20 单件)

　　备选模块
　　包括且不限于:营销方案(卖场选址、上货波段、销售计划、定价规则)、标识设计、包装设计、服务设计、终端风格设计、其他内容

类型 2　提升品牌服装设计
　　必选模块
　　主要包括:企划背景、市场调研、品牌再定位、工作计划、设计风格设定、设计元素整理、系列产品策划(不少于 4 个系列)、产品结构图表、一个完整的系列产品设计(款式、色系、面料,不少于 20 单件)

　　备选模块
　　包括且不限于:营销方案(卖场调整、上货波段、销售计划、定价规则)、标识设计、包装设计、服务设计、终端风格改造、其他内容

作业名词释义

1. 企划背景:社会现状,企业情况(含创办历史、投资规模、年销售额、行业地位等)。
2. 市场调研:针对品牌入驻的销售终端,开展基于目标客户和目标品牌的专项调研。
3. 品牌定位:全新品牌在未来市场上的多方面、精准化、形象化的预定目标。
4. 品牌再定位:对已有品牌开展的、包含上述要求的修正性或改造性定位。

5. 工作计划：引入时间段概念的产品开发工作安排，含内容、数量、成员等。

6. 品牌命名：结合品牌定位特征，制定品牌名称（含释义）。

7. LOGO 设计：根据品牌命名及其寓意，进行品牌名称的图形化设计。

8. 设计风格设定：为品牌选定一种设计风格或几种设计风格的范围。

9. 设计元素整理：按产品系列选择符合系列设计风格的设计元素集。

10. 系列产品策划：基于销售季节，不少于 4 个系列，含主要设计元素及配比、SKU 等。

11. 产品结构图表：以上内容的表格表达，含产品编号、材料、色彩等信息。

12. 一个完整的系列产品设计（含款式、色系、材料、图案、工艺、配饰等，不少于 20 单件）。

13. 营销方案：卖场选址、上货波段、销售计划、定价规则、促销方法等。

14. 标识设计：LOGO 的拓展形式以及在广告、周边产品等方面的应用等。

15. 包装设计：商品的内外包装设计、购物袋设计等。

16. 服务设计：导购、促销、反馈、安保等终端服务设计。

17. 终端风格设计：全新品牌的卖场、网页等初始设计。

18. 终端风格改造：已有品牌的卖场、网页等改造设计。

19. 其他内容：包括但不限于形象代言人、人员培训、推广活动、现场管理等。

作业要求

1. 完成形式：采用团队合作形式完成，学生可自由组合团队，每个团队人数不宜超过 4 人。

2. 明确分工：模拟企业设计团队分工，在作业末尾写明各自承担的任务，作为分别考核的依据。

3. 提交形式：光盘。内含：①作业正本（XXXXX 品牌服装设计方案，WORD 或 PDF 形式）；②过程材料（中期汇报 PPT、企划或调研过程的资料、方案修改、附件、参考文献等）。

时间安排

1. 团队组织：课程第 2 周，完成设计团队组建，分工明确，各团队尽早开展准备工作。

2. 中期交流：课程中期，PPT 形式分组交流，每次汇报更换不同的主汇报人，教师当场点评。

3. 终案交流：最后一次课程，PPT 形式分组汇报终案完成情况，教师当场点评。

4. 其余时间：均用于课程讲授、实时交流与作业指导。

评分依据

1. 高质量完成必选模块即可合格，高质量完成必选模块＋备选模块可得高分。

2. 以工作量和完成度为主要评分依据，人员少的团队可因人均工作量大而酌情加分。

3. 根据作业各部分的工作量和完成度等不同情况，可给予该部分承担者不同的成绩评分。

4. 记录课堂交流中每个学生提问或解答的次数和质量，作为平时成绩的主要依据。

附录二 东华大学服装与服饰设计专业"品牌服装设计"课程作业统计表

序号	学生姓名			
	1	2	3	4
1				
2				
3				
4				
5				
6				
7				
8				
9				
10				
11				
12				
13				
14				
15				
16				
备注				

注:1. 第一周课程后发给学生自由组队,第二周课程前交给教师存档。
　　2. 每个小组不得超过 4 人。

附录三　某女装品牌春夏季产品结构表

时段 / 类型	春	数量	构成比例	初夏	数量	构成比例	盛夏	数量	构成比例	合计
基本款（经典款）	衬衫	10	60%	衬衫	10	50%	针织衫	20	50%	210
	连衣裙	5		连衣裙	10		衬衫	15		
	外套	10		外套	15		连衣裙	15		
	针织衫	10		针织衫	15		短裤	10		
	背心	5		裤子	10		裙子	15		
	裤子	10		裙子	15					
	裙子	10								
形象款（流行款）	针织衫	10	30%	衬衫	10	37%	衬衫	10	30%	130
	外套	10		连衣裙	10		针织衫	15		
	衬衫	5		针织衫	15		裙子	15		
	裤子	5		裙子	10		裤子	5		
				裤子	10					
点缀款（概念款）	衬衫	5	10%	针织衫	10	13%	吊带衫	10	20%	60
	裙子	5		裙子	10		针织衫	10		
							裙子	10		
合计		100	100%		150	100%		150	100%	400
上货波段	1月28日～3月8日			3月28日～5月8日			5月28日以后			

附录四 某品牌春夏季产品开发进度表

序号	进度	7/10~7/14	7/17~7/21	7/24~7/28	7/31~8/4	8/7~8/11	8/14~8/18	8/21~8/25	8/28~9/1	9/4~9/8	9/11~9/15	9/18~9/22	9/25~9/29	10/2~10/6	10/9~10/13	10/16~10/20	10/23~10/27	10/30~11/3
1	部署/研究设计任务	★																
2	市场调研/调研报告		★															
3	流行趋势研究																	
4	产品企划/企划报告			★														
5	面辅料收集																	
6	系列故事板/调整				★													
7	设计初稿/评审							★										
8	修正初稿/补充款式																	
9	终稿评审/增补调整								★	★								
10	样衣制作																	
11	样衣补充/修正																	
12	样衣初审会														★			

序号	进度	7/10~7/14	7/17~7/21	7/24~7/28	7/31~8/4	8/7~8/11	8/14~8/18	8/21~8/25	8/28~9/1	9/4~9/8	9/11~9/15	9/18~9/22	9/25~9/29	10/2~10/6	10/9~10/13	10/16~10/20	10/23~10/27	10/30~11/3
13	样衣调整/补充																	
14	样衣终审会															★		
15	订货会准备/开始																★	

注:1. 有"★"者为部门沟通会议（含多部门），参加对象和具体时间另定。
2. 以 17 周为一个完整的产品开发周期。

附录五　服装设计用稿

品牌		款号		名称		M 号（38）规格	
						肩宽	
						胸围	
						腰围	
						臀围	
						下摆	
						衣长	
						后腰节长	
						袖口	
						袖长	
						腰围	
						臀围	
						直裆	
						裤/裙长	
						脚口裙摆	
设计说明							

面料编号　贴样	辅料编号　贴样	标识编号		岗位	姓名	日期
		洗涤标		主管		
		成分标		设计		
		商标号		样板		
				样衣		

参考文献

［1］赵敏,胡钰.创新的方法［M］.北京:当代中国出版社,2008.

［2］张大亮,王希希.企业经营定位:明晰企业发展战略［M］.北京:机械工业出版社,2009.

［3］曾富洪.产品创新设计与开发［M］.成都:西南交大出版社,2009.

［4］高志亮,李忠良.系统工程方法论［M］.西安:西北工业大学出版社,2004.

［5］诸静.模糊控制理论与系统原理［M］.北京:机械工业出版社,2005.

［6］万后芬,汤定娜,杨智.市场营销教程［M］.北京:高等教育出版社,2007.

［7］刘学敏,金建君,李咏涛.资源经济学［M］.北京:高等教育出版社,2008.

［8］王丽亚.生产计划与控制［M］.北京:清华大学出版社,2007.

［9］刘凤军.品牌运营论［M］.北京:经济科学出版社,2006.

［10］张雪兰.市场导向与组织绩效［M］.武汉:武汉大学出版社,2008.

［11］刘晓刚,王俊,顾雯.流程、决策、应变——服装设计方法论［M］.北京:中国纺织出版社,2009.

［12］何智明.服装设计实务［M］.上海:东华大学出版社,2010.

［13］胡守海.设计概论［M］.合肥:合肥工业大学出版社,2006.

［14］李好定.服装设计实务［M］.北京:中国纺织出版社,2007.

［15］余建春,方勇.服装市场调查与预测［M］.北京:中国纺织出版社,2002.

［16］刘小红,刘东,刘学军.服装市场营销［M］.3版.北京:中国纺织出版社,2008.

［17］郭洪.品牌营销学［M］.成都:西南财经大学出版社,2006.

［18］杨以雄.服装买手实务［M］.上海:东华大学出版社,2011.

［19］刘晓刚.服装设计实务［M］.上海:东华大学出版社,2008.

［20］赵平.服饰品牌商品企划［M］.北京:中国纺织出版社,2005.

［21］马大力.服装商品企划实务［M］.北京:中国纺织出版社,2008.

［22］查尔斯·T·亨格瑞.成本与管理会计.11版［M］.王立彦,等译.北京:中国人民大学出版社,2006.

［23］今村英明.BCG视野:市场营销的新逻辑［M］.李成慧,译.北京:电子工业出版社,2008.

［24］艾·里斯,杰克·特劳特.22条商规［M］.寿雯,译.太原:山西人民出版社,2009.

［25］斯达克.产品生命周期管理［M］.杨青海,等译.北京:机械工业出版社,2008.

［26］凯勒,著.战略品牌管理［M］.卢泰宏,吴水龙,译.北京:中国人民大学出版社,2009.

［27］赫斯克特.企业文化与经营业绩［M］.李晓涛,译.北京:中国人民大学出版社,2004.

［28］哈罗德·科兹纳.项目管理最佳实践方法［M］.杨慧敏,等译.北京:电子工业出版社,2007.